書山有路勤為徑
學海無崖苦作舟

文經閣

書山有路勤為徑
學海無崖苦作舟

 文經閣

給大學生創業的 10項建議

祖克柏的創業心得分享

夢想，是一切開始的地方
創業，現代年輕人揮之不去的夢想
祖克柏，一位成功創業者的佼佼者
榜樣，讓他的創業心得成為大家的照路燈

本書講述了Facebook創始人馬克‧祖克柏創建、發展Facebook的過程，並且分析了他在公司發展過程運用的一些管理方法，同時彰顯著他作為一個80後的年輕人與眾不同的創業風采。

張樂◆著

序言：讓創業的夢想不再只是空想

　　2012 年 5 月 18 日，社交網站「Facebook」正式在紐約納斯達克交易所上市，上市開盤價為每股 42．05 美元，比每股 38 美元的發行價上漲 10.6％。Facebook 創始人馬克·祖克柏，這位全球最年輕的白手起家富豪有什麼過人之處，在這個群雄逐鹿的時代取得了多麼大的成就，是超人的才情？超前的預見能力？還是過人的膽識？再或者說，兼而有之？《時代》雜誌這樣描述他的影響力：「如果將 Facebook 聯繫起來的 5 億多人聚集在一起，人口數量僅次於中國和印度，相當於世界第三大國。此外，在馬克·祖克柏領導下的『這個國家的國民』也更有優勢，因為他們掌握了最多的資訊。」毫無疑問，馬克·祖克柏憑藉網路技術與商業模式創新，已經成為新時代的創業偶像。關於這個新的財富新貴和創業英雄，有太多的謎需要破解。

　　其實，夢想，是一切開始的地方。祖克柏是一個有才情的年輕人，早在菲利普艾斯特中學讀高三的時候，他就跟同學一起開發出了一個 MP3 播放機 Winamp 的外掛程式，引得包括微軟在內的眾多矽谷巨頭向他伸出橄欖枝；祖克柏也具備很強的預見能力，當他自己開發的「課程匹配」和 facemash 大受追捧的時候，即使其中摻雜著巨大的質疑聲，但是他還是從人們的熱情中預見到社交網路巨大的發展前景；祖克柏同時

也堪稱膽識過人，當他創立的 Facebook 初具規模，日益擴大的用戶需求和哈佛緊張的課程有很大衝突時，他選擇了一般人不敢選擇的一條道路——放棄名校的學位，專心投入自己的創業生涯。這樣的決定日後被證明是萬分正確的，因為創業的夢想不及時孵化，就會變成毫無意義的的空想。

今天，創業已經成為年輕人心頭揮之不去的夢想。但是，夢想不能僅僅停留在空想中，更不能在天馬行空中耗費光陰。把夢想付諸實踐，在躬行中克服困難、迎接挑戰，在省思中走向成熟、奔向卓越，是讓創業夢想成真的不二法門。曾經有一位年輕的創業者，從開辦養雞場開始了自己的創業生涯，最後取得很大的成功。這個年少有為的創業者說：其實，夢想就像雞蛋，不及時孵化，就會變臭。這句話通俗、簡單，但是發人深思。幾乎每一個人都萌動過創業的念頭，但是，最後付諸實踐的只有很少的一部分，而這很少的人裡面，又只有更少的人取得了成功。

馬克·祖克柏，就是這極少數人中的佼佼者，祖克柏及時孵化了自己夢想，並透過一步一步的潛心經營，讓自己的夢想開出了繁茂的花朵，讓自己的 Facebook 成為全球各國人們交流的平台，他的創業夢想實現之後，幾乎可以說是建立了一個前所未有的強大帝國。微軟公司創始人之一的保羅·艾倫說：「我無法在世界歷史上找到一個先例，這麼年輕的人卻擁有這麼大的影響力等等，只有一個人，那就是亞歷山大大帝。」這樣的評價可以說毫不誇張，真是恰如其分。

本書講述了 Facebook 創始人馬克祖克柏創建、發展 Facebook 的過程，並且分析了他在公司發展過程運用的一些管理方法，同時彰顯著他作為一個 80 後的年輕人與眾不同的創業風采。

無論何時何事，榜樣的力量都是無窮的。想要創業成功、將自己的

夢想變為現實的年輕人，想要獲得像祖克柏一樣成功的創業者們，可以從祖克柏創業的歷程中，學習到你們需要的知識，吸取到幫助事業成長的養料，也可以收穫到前車之鑑，吸取一些對創業大有裨益的教訓，避免自己重蹈像祖克柏這樣睿智的人都會犯的錯誤。讓自己的創業路在有了路標的指示後，走得更為平坦順利。

馬克·祖克柏只是一個成功創業者的代表，這個時代還需要千千萬萬個馬克·祖克柏這樣有魄力的年輕人來掌控世界。希望此書能夠給予有心創業的年輕人啟迪和幫助，讓大家在觀摩馬克·祖克柏創業歷程的同時，可以獲得讓自己夢想成真的動力，為自己的創業之路繪製一幅清晰的藍圖。

Share 1——創業初期一定萬事難

凡事豫則立，不豫則廢。成功是沒有捷徑的。祖克柏說：「開設一家像 Facebook 這樣的公司，或是開發一款像 Facebook 這樣的產品，需要決心和信念。所有值得做的事都是十分困難的。」

1·財富詮釋：創業是什麼

創業是什麼？不是一時衝動馬上投身去做，而是充分估量自己所擅長的行業，充分考慮這個行業未來幾年的發展前景，然後懷著堅定的信念，在開始創業之後無論遇到什麼樣的困境和打擊，都有信心和能力讓自己的企業度過難關。祖克柏就是一個知道自己擅長什麼，然後毅然選擇設計網路這一新興行業的創業者，如今，他的成功有目共睹。

年僅 28 歲的馬克·祖克柏擁有了一個王國，這就是 Facebook。祖克柏踏入了哈佛大學的門，卻沒有如期完成大學學業，而是離開名聲顯赫的校園，開始了自己創業的旅程，創辦和接管了全世界最大的社交網站。在常人看來，這個小夥子一定是年少輕狂，任性衝動的，他有著和同齡人一樣的叛逆不羈的性格。但是，馬克·祖克柏無疑是一名早熟的實業家。他用成績向全世界人證明了自己創業的成功。為什麼他一手創建的 Facebook 能在千千萬萬的社交網站中脫穎而出風靡全球呢？為什麼他能夠在數以億計的年輕創業者中獨占鰲頭而且上升勢頭越發強勁呢？難道祖克柏被施予了什麼魔力嗎？

馬克·祖克柏雖然年紀輕輕，但他的決定和策略都很有成熟創業者的風範，商務邏輯也被他運用得遊刃有餘。這難道是天分嗎？不，這是創業的夢想的力量。夢想是含苞待放的花朵，鮮花綻放之前承載了人們太多汗水的澆灌。如果把精通電腦的馬克·祖克柏的成功歸結於幸運和天分的話，那麼 Facebook 的成功絕不僅僅是走運那麼簡單。Facebook 是祖克柏的生命、夢想，更是一種創業的熱情所繫。

從小便開始獨自程式設計的祖克柏是個不折不扣的電腦奇才。在高中時，他便證實了自己在網際網路行業絕對可以有飯吃。但這個個性倔強的少年已經意識到金錢不是萬能的，他深知應該去創造自己更宏偉的事業。哈佛的求學讓他學到了心理學的知識，也讓他有了對人性的思考。聰明的祖克柏將兩者融合，用駭客手段建立了社交網路 Facebook，至此，這個創業者的夢想終於在現實中初步成形。

創業的夢想不是一時的頭腦發熱、暫時的熱情，而是一個長遠的規劃。在 Facebook 開始被越來越多的用戶接受和認可的時候，小有收穫的祖克柏變得更加有熱情，他開始用一個職業管理者的角色去打理 Facebook 的一切。

要想讓 Facebook 成為行業的佼佼者，首先就要解決人才的問題，得人才者得天下。當然這是雙方面的。由於他的努力，越來越多的人才看中了 Facebook 的發展潛力，紛紛跳槽到這裡。這使 Facebook 更有活力和戰鬥力。為了達到這一目的，祖克柏是花了一番心思的。他制定高薪酬，延緩公司上市，創造好的辦公環境等等，這些都讓員工感到欣慰。

同行業之間競爭激烈，Facebook 想要在網際網路行業獨占鰲頭，必須堅持不懈地前進。一個企業的核心競爭力靠什麼體現？就是技術。

祖克柏是一個敢於挑戰的人，為了迎接不斷來臨的挑戰，他不斷更新 Facebook 的功能和技術，並且對增加新功能及用戶體驗最為關注。當然，這種更新是針對一些過時的或是沒有了市場競爭力的東西。一些優質的功能，Facebook 始終保留。比如：Facebook 從成立之初就一直保持的簡潔介面，作為一個介面設計者，祖克柏在上面花了很多心血。同時，他也在自己的 Facebook 個人主頁上，把自己描述為：率真、破壞欲、革命性、資訊流、保守、動手製作、心無雜念。可以說，這些詞簡單的勾勒出了一個年輕的創業者肖像——心無旁騖，勇於創新。

　　創業是什麼？創業首先就要認識到自己是誰，自己適合做什麼樣的事情。祖克柏的成長歷程就是一個不斷認識自我的過程，他在實踐中漸漸發現自己的天賦是在網路方面，所以在遇到社交網路這個機遇的時候，他毫不猶豫的選擇輟學而開始創業。

　　年輕的創業者要想成功，首先就要先看清自己的潛質，只有首先認清楚自己，才能開始創業。在現實生活中我們發現有許多人整天願意花很多時間研究別人，注意別人的一舉一動，揣摩別人的心思，窺探別人的隱私，詢問別人的情況，卻很少有人來認認真真地關心一下自己，注意自己的舉止，瞭解自己的需求，認識自己的心態。要知道，想要創業成功，沒有對自己的清晰認識是絕對難以成事的。

　　在認清自己的長處所在之後，祖克柏明確了自己的發展方向。能夠讓他稱心如意的實現自己價值的方法，只有創業，做自己的老闆，讓自己的頭腦為自己服務。

　　在哈佛大學，祖克柏繼續癡迷著電腦，並對它「情有獨鍾」。當Facebook 網站取得初步成功時，為了不阻礙網站的繼續發展，經過一番分析與取捨，他在校讀了兩年書後，最終決定輟學。專心經營自己的公司，開始了他的創業生涯。

　　其實，很多成功的創業來都來源於一個創意，一個點子，Facebook也不例外。但是後來發生的一些糾紛似乎說明這個創意不完全是祖克柏的原創，而是稍微有些「拿來主義」嫌疑，但是，祖克柏還是透過財政手段將這個創業的所有權歸於自己麾下，這也是保證創業成功的有效手段之一。

　　從泛泛的角度來說「拿來主義」似乎是個貶義詞，但是從創業角度來說，就不一定了。創意人人都有，真正將創意做成功的人卻是鳳毛麟角。祖克柏用行動證明了「拿來主義」不都是可恥的，他只是把別人好

的想法進行了拓展和完善，並用自己的頭腦與行動將它完成。或者說，是別人的想法點燃了他的靈感，給了他一個啟發和引領，這才有了他如今的輝煌。因此，一個人創業的時候，最初的構想是否有價值，不在於是由誰構想或提出的，而在於它是由誰來實際操作，並成功運行的。有了想法而沒有行動的人，只是個空想主義者，他只會在別人成功的時候怨聲載道：「這個主意是我想到的。」但是為時已晚。

創業，並不是一件容易的事情。許多成功者付出了很多，經歷了從無到有的過程，才在一窮二白的基礎上發展起來。要想創業成功，首先要清楚的意識到創業是什麼，創業之前，創業者一定要做好大量的準備工作，認清自己所擅長的方面，然後選對產業，建立一個全域觀念，遵循以下幾個方針去行動：

（1）制定一套適合自己實際情況的策略，千萬不能亂點譜，閉著眼睛瞎創業。儘量提高創業成功的機率，這比什麼都重要。就像祖克柏知道自己最擅長就是網路，所以選擇從社交網路開始自己的創業生涯。

（2）定期檢查並調整創業項目，蒙著頭不能一條道走到底，要隨機應變，順風使舵。在執行過程中，一定要做到靈活經營，祖克柏在最初的時候其實是在幫助兩位學長創業，但是當他發現了其中蘊藏的無限商機之後，立即隨機應變，開創了自己的 Facebook。

（3）最好能花些時間去進行研究，如調查市場行情走勢，瞭解最新資訊，掌握他人心理。要做好創業記錄分析，不可以「坐以待息」，守株待兔絕不是一個真正成功的創業者的態度。祖克柏在創立 Facebook 之前，有過很多試水之作，比如課程搭配和 Facemash，在它們都取得了非同凡響的效果之後，祖克柏才開始他正式的創業之路。所以，創業者在開始創業之前，一定要做好充分的調查。而且，創業分析盡可能做到客觀公正，儘量考慮各種影響因素，時時保持冷靜頭腦，切不可意氣用

事，更不能把賭博的心態帶入創業活動中去。

　　總之，創辦屬於自己的事業，絕對是一場身心的考驗。一旦踏上創業之路，你就要顧大局、抓細節，藉由慢慢累積把生意做大。

～～～～～～～～～～～～～～～～～～～～～～～～～～～～

【青年創業路標】

創業是什麼？Facebook 的總裁祖克柏用他獨特的成功經歷告訴我們，創業是憑藉對於一個行業的精通、掌握和準確的預測，借助一個新鮮的、具有市場推廣價值的概念，予以發展，在實踐中慢慢打造成形。

　　祖克柏顯然是一個很靈活的人，他借用了已經有的想法，再加上自己的軟體發展能力和對於功能的創新，才成就了 Facebook 的今天。從祖克柏的種種事蹟來看，他並不是貪財的人。對他來說，拿來已有的概念社交網路，創造自己的 Facebook，這不是更好的創業之路嗎？如果你現在就有一個深思熟慮之後感覺很好的想法，何不放開拳腳去試試呢？

2·敢想敢做，走出創業第一步

　　創業是一項需要勇氣的事業，需要創業者有著面對千夫所指，依然不改初衷的堅定信心，以及面對重重困難絕不退縮的執行能力。祖克柏身為哈佛大學心理學專業的高材生，雖然Facebook發展勢頭迅猛，但是，在學業與事業的選擇上，這座天平放到誰的手中，誰都不免搖擺不定。而祖克柏的創業成功，正是開始於他非凡的勇氣和長遠的眼光。

　　沒錯，名校的畢業證書或許在某些人眼中像金子一樣閃著誘人的光芒，但是現在社交網路的發展更是不容錯過，有誰知道如此迅猛發展的網路產業，在兩年之後，祖克柏取得了畢業證書之後會變成什麼樣子，那時的市場，還有他的一席之地嗎？所以，在一番權量之後，祖克柏做出了一個讓自己的後半生都會感到慶幸的決定：放棄哈佛的畢業證書，勇敢邁出創業第一步，全心投入初具規模的 Facebook 的建設中來。

　　2004 年 2 月 4 日的下午，Facebook 網站正式啟動。大大出乎祖克柏意料的是，Facebook 一經推出，就立即以不凡的氣勢橫掃了整個哈佛校園。啟動的第一天，有一些用戶就意識到這個網站的與眾不同，於是不單單把它看成是聯繫和收集有用資訊的方式，而是看成召集朋友的一個有效的公告平台。

　　啟動的第一週，將近半數的哈佛本科生已經在 Facebook 上註冊了。到 2 月底，已經上升到四分之三的數量。但是，隨著網站的溫度逐漸高升，一個原本被忽視的問題漸漸浮出水面，那就是註冊者必須要有哈佛的郵箱才能登陸 Facebook，也就是說，網站的覆蓋範圍就只能局限在哈佛校園內部。祖克柏其實早就發現了這一問題，他知道這非常需要改

進，否則這個問題將會限制 Facebook 成為井底之蛙。

　　其實，早在 Facebook 網站剛剛啟動的時候，就曾有外校的學生給祖克柏發郵件，詢問他們是否能成為用戶。祖克柏當然也想過這方面的事情，而且他設計的網站主頁就是「一個在大學社交圈內結交朋友的線上目錄」。他之所以寫「大學」而不是「哈佛」，就直接說明了祖克柏從一開始就沒打算把目標僅僅定在哈佛校內。為此祖克柏與同伴又進行了積極地探討和拓展。在付出巨大努力之後，終於在 2004 年 2 月 25 日的時候，Facebook 首次向哥倫比亞大學開放。接下來，史丹佛大學、耶魯大學等等知名高校也都陸續獲得了註冊的權利。這個突然從天而降的神奇網站瞬間吸引了美國高校的目光。尤其是在史丹佛大學，Facebook 取得的成績更是顯著，竄紅速度堪比火箭，其校內原有的社交網站也都隨著 Facebook 的到來而偃旗息鼓。

　　祖克柏的名字隨著 Facebook 的推廣而被迅速傳開，人們對他的肯定和讚賞也跟著呼嘯而來。從那時起，祖克柏開始收到雪片般來自全美各地的郵件，紛紛要求取得 Facebook 的註冊權。超高的人氣，逐漸使負責網站管理的四位哈佛在讀生都吃不消了。因為他們必須一邊保證高品質的完成繁重課業，一邊利用閒暇來處理 Facebook 龐大的用戶問題。但是儘管如此，祖克柏他們還是把網站的服務推進到了麻省理工學院、賓夕法尼亞大學、普林斯頓大學、布朗大學和波士頓大學。截至當年 3 月中旬，Facebook 的註冊用戶已經達到兩萬人之多，這樣的成就不容小覷，聲勢日漸浩大的 Facebook 吸引來了很多電腦專業的菁英，包括祖克柏在艾斯特中學的朋友，程式設計天才亞當·德安傑羅也都加入了 Facebook 網站的管理團隊，Facebook 逐漸有了正式的網路公司的模樣。

　　隨著 Facebook 規模的不斷擴大，祖克柏花在伺服器上面的資金也越來越多，雖然做學生沒有收入，但是他不得不為了維護網站正常運

行，往 Facebook 裡面不斷注入資金，這樣創業與學業並重的生活讓他漸漸感到吃力。後來為了增加網站的承載量，祖克柏想出了一個開源節流的辦法，就是使用 MySQL 資料庫和 Apache 線上伺服器工具等免費開源軟體。但是這些軟體也是有很大弊端的，因為它們雖能負擔超重的運行任務，但由於是免費軟體，操作會稍顯不方便。一方面祖克柏在學業和事業之間忙得不可開交，另一方面什麼問題都不能抵擋得住同學們對 Facebook 的熱情。當新學期到來時，此網站已經向 34 所學校開放，用戶達 10 萬之多。顯然，在現實面前選擇的天平漸漸朝著創業這一邊傾斜了。

後來 Facebook 的迅猛發展又吸引了網路怪才肖恩派克的加入，Facebook 在他的影響下越發朝著矽谷新秀的路線前進，在派克的幫助和團隊成員的努力下，Facebook 開始慢慢轉變成一項正式的事業。祖克柏開始意識到，今後每一步的決定都必須經過慎重的考慮，以保證公司在技術和業務上的發展。這也意味著他花費在學業上的精力將會越來越少。到了 2004 年暑假結束的時候，Facebook 的用戶已經超過了 20 萬。祖克柏必須把越來越多的時間投入到公司的建設和營運上去。團隊成員們也開始考慮是否還有必要繼續自己的學生生活。輟學就意味著失去學位證書，將來可能失去立足社會的資本。但是，繼續上學則必然影響到勢頭正猛的 Facebook 的發展。

經過一番分析與取捨，懷著極大的勇氣和魄力，祖克柏最終決定離開哈佛，專心經營自己的公司 Facebook 網站。Facebook 的經營從此正式拉開了帷幕。可見創業要成功，首先要勇敢的邁出創業的第一步。所謂時勢造英雄，能夠創業成功的英雄是指不滿現狀，具有革新精神的人。「只要能安穩的過一輩子就好了。只要生活過得去就好，不必太過於苛求。」假如你有這種念頭，那麼，你一輩子都賺不了大錢，你創一輩子

的業都不會成大業。創業必備的條件是：不滿現狀、奮發向上，敢於義無反顧的邁出創業第一步。

對於一般的創業者來說，不想過安穩單調、毫無意義的生活，想過更豐盈、更豪華的生活這樣的念頭，可能正是引導你創業賺大錢的動機，那就不妨讓這樣的動機化為你創業的動力，幫助你跨出創業的第一步。要創業就要有這樣的氣魄：不見得每一天都要平平靜靜的生活，為了賺大錢，即使是暴風雨的晚上，也不要怕出海遠航。祖克柏的勇氣在於為了邁出創業的第一步，他甚至捨棄了在哈佛繼續深造的機會。而想創業成功的你如果沒有這種魄力，那就不能邁步踏上創業之路，就不太可能成就大業賺取大錢。不安於現狀的想法，才是成功的動力。義無反顧的行動，才是創業成功的動力。

美國通用公司前總裁傑克·威爾許說：「行動是經商的第一關鍵。」

其實不單單是經商，人生中很多事情都是如此。有了想法就必須敢於行動，假如總是瞻前顧後，畏首畏尾，則會錯失很多成功的機會。正如祖克柏，他沒有選擇安穩可靠的學生生活，而是選擇了自己認為正確的，且極具發展潛力的網站營運。這樣的勇氣是創業成功的前提，這樣的魄力為他以後的成功埋下了種子。如果祖克柏選擇留在哈佛完成學業，那麼等他畢業之後，可能就是他人在社交網路領域做得風生水起，而他只有望洋興嘆的份了。其實，通往成功的道路有很多條，在選擇面前，不要被固有的觀念與框架束縛了，要敢於選擇自己的道路，並堅持不懈地走下去。

【青年創業路標】

創業需要資本，需要專業技術，需要時間耐心……最需要的是——放棄其他機會成本，專注於創業這件事情本身。當然，繼續選擇學業的人也沒什麼不對的地方，但是，就 Facebook 這樣迅猛的發展速度來看，祖克柏輟學選擇經營自己的公司是更明智的選擇。當然，人各有志，大千世界萬物各不相同。為什麼有些人看似離經叛道，卻能夠取得絕大多數人難以想像的成績呢？當然，我們不是鼓勵大家輟學，只是在很多時候，人們思考的方向和面對問題的態度不能太過死板。而想要成就大事業，沒有魄力怎麼可能成功呢？

3．所有值得做的事都是困難的

祖克柏說：「成功不是靈感和智慧的瞬間閃現，而是經年累月的實踐和努力工作。所有真正值得敬畏的事情都需要太多付出。」的確如此，任何讓人覺得心馳神往的美好事物，都要求我們付出更多的辛苦汗水。要想看到比別人美麗的風景，當然，就要攀登比一般人能爬到的山更加高大雄偉的山峰。誠如祖克柏所說，所有值得做的事情，都是困難的，這是一個他年幼的時候就懂得的道理，在他年幼的時候就對網路很癡迷，但是複雜的網際網路可不是輕易能夠弄明白的，經過很多刻苦鑽研的夜晚，祖克柏才達到了後來精通的程度，這當然來自他對電腦投入的精力和熱情。正是從小就開始學習電腦程式設計，透過不斷累積，他才有了後來的成績。

祖克柏，生於 1984 年 5 月 14 日，他很幸運，降生在美國紐約州的一個中產家庭，他的父親愛德華是個牙醫，母親是一位心理醫生。能在這樣一個家庭中成長，祖克柏自然從小就受到了良好的教育。但是雖然家境很好，但是祖克柏並沒有一般年輕人的浮躁，他從很小就知道值得做的事情都是不容易的，這樣的體驗從他一接觸電腦這個神奇的事物就深深紮根在他的心裡了。

祖克柏第一次知道電腦，是經由他的父親愛德華。那是一台祖克柏出生那年購買的 IBM XT，這台電腦的硬碟容量在現在看來是很不足的，只有當前普通電腦硬碟容量的 2.5％。但就是這台不起眼的老式電腦，卻讓祖克柏學會了很多網路方面最基本的知識，並且讓他意識到成大事必須首先付出巨大的努力。

隨著祖克柏慢慢長大，父母看到年僅 10 歲的兒子對電腦非常癡迷，在電腦上花費了他很多的時間和精力，於是決定送給他一台屬於自己的，於是祖克柏便擁有了他人生中的第一台電腦。當祖克柏把電腦拿到手，就開始迫不及待的開始開發這台電腦的潛力，讓自己整個人都鑽進了電腦的世界裡面。從此，他除去吃飯、睡覺、上學，其餘的時間全花在了對電腦的研究上，付出了大量的時間精力，只為求得這個方形盒子之所以如此神奇的原因，並希望在掌握了其中奧妙之後好好加以利用，創出一番自己的事業。

父親愛德華是一位開明的家長，他注意到小祖克柏很討厭寫家庭作業而喜歡研究電腦，並沒有像一般家長一樣強制祖克柏一定要認真寫作業，而是決定引導孩子的興趣，主動教他寫代碼。祖克柏對於電腦程式運作的原理也充滿了好奇，他很想知道究竟要怎樣做才能讓這些程式自動運行。於是祖克柏超前他的同齡人很多，早早的開始一步步地瞭解、研究程式和代碼，以及更難懂更深入的電腦系統原理。雖然祖克柏天資聰穎，號稱電腦神童，但是，在若干個點燈夜讀、面對電腦一遍一遍輸入程式編碼的夜晚，自然不會有太多的人看得見，其中的辛苦，恐怕只有祖克柏自己心裡是最清楚的。

在經歷了很多困難，攻克了很多難題，祖克柏終於初步掌握了程式設計的技能後，父親愛德華讓小祖克柏編寫了一個原始的即時通訊工具的程式，這個程式的目的是讓牙科診所裡的人透過電腦實現了互相溝通，小小年紀就開發一個即時通訊程式顯然是一件很不容易的事情，但是祖克柏還是憑藉扎實的基本功和必勝的決心攻克了開發過程中的很多難題，終於讓這個軟體投入使用，祖克柏一家都認為克服這麼多困難完成這個程式很了不起，所以把這個程式稱為 Zuck Net。

隨著年齡的增長，祖克柏樂於挑戰困難的性格越發明顯。到了中學

時期，一直對電腦擁有濃厚興趣的祖克柏，就已經開始自己寫線上應用程式設計了，這是一件對很多電腦專業的人都很不容易的事情，但是祖克柏卻很樂於挑戰在編寫應用程式過程中遇到的各種困難，而且每當遇到問題被他解決，他總會很有成就感，因為在他年輕的心裡早已知道這樣的道理：所有值得做的事情都是困難的。所以越是有困難，祖克柏越是熱衷於解決它們，簡直可以說是樂在其中。

在新罕布夏的菁英寄宿學校——菲利普艾斯特中學讀高三的時候，他就在繁忙的課程之餘，投入程式開發，在攻克多個前人難以克服的難題之後，他和同學安吉洛一起開發出了一個 MP3 播放機 Winamp 的外掛程式。這個外掛程式的過人之處在於可以幫助聽者逐漸瞭解自己對音樂的收聽習慣或者偏好，繼而智慧化自動生成一個符合個人音樂喜好的播放清單。

當時，很多知名大公司都對這個外掛程式給予了極大的關注，包括AOL（美國線上服務公司）和微軟在內。這些公司先後表示願意接受並高價購買他們所開發的外掛程式，甚至向祖克柏和安吉洛發出了加盟的邀請。但是祖克柏知道自己的心還在更遠的地方，這樣過早到來的輕易的成功，遠遠不是他想要的，於是後來祖克柏他們就把這個外掛程式上傳到網上，供更多的人免費下載使用。

面對突然降臨的機遇，祖克柏果斷地拒絕了。顯然一般人面對這樣飛來鴻運般的機會是不會輕易錯過的，但是，祖克柏在這樣的誘惑面前堅守住了自己的信念，他知道所有值得做的事情都是很困難的，同樣的，太輕易得到的東西並不會給他帶來太大的喜悅。他堅持按照自己的人生規劃前行——進入哈佛大學深造，這條路自然比不上直接進入大公司拿高薪那麼輕鬆，一路可謂壓力重重，但是祖克柏還是覺得自己需要的是克服重重困難之後得到的成功。其實，這個天賦超人的男孩即便是

進入了哈佛，也不一定代表他的人生就充滿了穩定的因素，面對日後的種種困難，這個男孩表現出了超乎常人的魄力和能力，他的處理方法證實了他的名言——所有值得做的事都是困難的。

總之，創業就是這樣一件困難的事情。很多人在踏上社會大舞台的時候，都曾經產生過創業的衝動，比如創辦一個自己的企業，一間自己說了算的店鋪等等。但最終的結果如何呢？可以說真正成功創業者不過十之一二。根據美國中小企業局的資料，美國每年誕生幾十萬家自營企業，同時又有幾十萬家自營企業破產或關閉。我國的情況也基本相似，每天都有成千上萬的私營企業或公司開張，但同樣每天都有成千上萬的私營企業或公司倒閉或易主。這種現象說明，儘管從理論上來說每個人都有成功創業的可能，但事實卻是並非人人都能成功創業。那麼，那些成功創業者具有哪些普遍特徵呢？

他們具有的普遍特徵是多方面的，但最基本的特徵也是最顯著的特徵就是他們具有非同一般的素質，拿祖克柏作為例子，他身上就有樂於挑戰困難，同時自信，自制，健康，時間觀念極強，善於在與人溝通交流時提取有效資訊，出色的計畫與組織才能，超凡的創新能力等。祖克柏的這些基本素質，讓他在明確了一切值得做的事情都是困難的之後，有十足的能力克服遇到的這些困難，也才能在歷盡艱辛之後，品嘗到成功的美果。在面對創業這樣一件極為困難的事情時，創業者要有能力解決遇到的困難，有能力戰勝遭遇的阻礙。祖克柏就是能力超群的創業者，不論困難是艱難的網路程式，還是具有使用價值的選課軟體，他都有能力攻克，因為值得做，所以再大的困難他也熬過來了。

【青年創業路標】

從童年的積極學習電腦知識,到中學時代的小試牛刀,年輕的祖克柏沒有一刻停止探索,他的狀態,永遠都是正在行進中,而且,遇到的難題絲毫沒有減慢他行進的速度。「所有值得做的事都是困難的」,所有會開花的夢想都需要汗水來澆灌。這個年紀輕輕的美國男孩,在同齡人在網路遊戲中廝殺叫喊的時候,就深深懂得了這個道理。

與此同時,祖克柏付出了自己的實際行動,他知道即使很困難,但是,夢想本身就是很有價值的,為了夢想而堅持,而奮鬥,就更是值得做的事情。年輕的創業者們,開始創業之路注定是荊棘在前,鮮花在後,在看到彩虹之前,你做好了迎接暴風雨的準備了嗎?

4‧帶著創業的靈敏思維生活

創業者的血液中流淌著狩獵者的血脈，他們保持著對獵物靈敏的嗅覺，時時刻刻都在收集著周圍的資訊，為自己將來的創業生涯所用，這種靈敏的思維其實造就了這些成功的創業者的一種特質——在普通人習以為常的事件中，找到有利於自己的創業的蛛絲馬跡，點點滴滴。長此以往，水滴石穿，自己的事業，就在這一次次有意識的收集和有目的的累積中，慢慢成形。那些對於資訊愚鈍不開竅的人，永遠都抓不住乘風而起的機會，創業需要的就是時時刻刻都像即將狩獵的豹子，一旦發現獵物，立即全力撲上去。

事實上，當祖克柏的同齡人都在懵懂中渴望一種方便的社交方式的出現，祖克柏就以一種創業者的敏感思維捕捉到了這種需求，帶著這樣敏銳的創業思維生活，年輕的祖克柏簡直堪稱矯捷的獵豹。早在高中時代，他就細心地觀察到身邊一些同齡人的社交需求，他當時還沒有合適的發展時機，所以把這個留心觀察到的資訊放在心裡，他人可能想一想也就忘了，但是祖克柏卻牢牢地記在心裡，從現在來看，顯然高中時代記下的那些資訊，對後來 Facebook 的創意和名稱產生了不可估量的影響。

祖克柏的高中很有名，這所高中還被評為美國「十大名校」之一。它就是位於新罕布夏州艾斯特市的菲利普艾斯特中學，是一所為 9 至 12 年級的學生設立的私立寄宿學校。這種封閉的教學環境讓學生們極度渴望有一種快捷有效的溝通方式出現，但同時良好的教育環境，也對祖克柏日後的成長和創造產生了推動作用。正是在高中時代，祖克柏初

次接觸到「社交網路」這個新鮮的電腦理念，這個充滿無限可能性的新理念引起了他的高度關注，並在日後為他的努力確定了初步的方向。

學校是一個人員新陳代謝很快的地方，每年都有學生更迭：有學生畢業，就會有新生加盟。在入學的第一年，與所有新生和返校學生一樣，祖克柏也收到一份菲利普艾斯特中學的同學錄。同學錄人人都有一份，但正是這本普普通通的同學錄，因為遇見祖克柏而與眾不同起來，因為祖克柏發現了它背後蘊藏的機遇，而這本簡單的小冊子也成為日後紅遍全球的 Facebook 的現實中的原型。其實這本同學錄的本來名字叫做「The Photo Address Book」，但是學生們親切地將它稱作「The Facebook」。祖克柏的 Facebook，不過是將高中時代的同學錄省去了一個 the。

學校很封閉，但是學校裡面的學生很活躍，大家渴望溝通和交流。「The Facebook」就逐漸成為了學生們保持聯繫的重要資源，並形成一種網際網路誕生之前的社交文化。於是對於禁止使用手機，且每年都要更換宿舍及電話的高中生來說，這本同學錄的作用之大是可想而知的。祖克柏雖然只是一個高中在學生，但是他觀察到了同學們對於彼此交流的這種熱情，所以「The Facebook」的巨大作用，在當時就被他靈敏的思維捕捉到了。

後來，這本紙本的通訊錄有了網路版。在同學們的強烈呼籲下，祖克柏畢業那年，學生會成功說服了校方，將「The Photo Address Book」的全部內容放到了網上，校方還採用了「Facebook」這一暱稱，這就是 Facebook 最原始的雛形，它是後來祖克柏創建 Facebook 網站的靈感來源。如今，事情過去多年，當時的社交網址：http://student.exeter.edu/Facebook 已經無法造訪，而且曾經的校友也都無法證實祖克柏當時是否參與其中。但是有一個事實是校友們一致認可的，那就是，當時的學生對這份線上同學錄都有著頗高的熱情。

　　而這種熱情，自然沒有逃過祖克柏善於觀察的敏銳的眼睛，他從中看到了線上社交網路發展的廣闊前景，並且在進入哈佛校園之後，自己身體力行，進行了他的第一次線上社交網路的嘗試。祖克柏那些敏銳的觀察顯然最後大都與網際網路的新型服務有關。為了編寫軟體，他甚至到了廢寢忘食的地步。完完全全的投入到自己認定的事情上面去，說明創業者在敏銳的思維創建了宏偉的構想之後，也需要與之相應的執行力來讓這些閃光的想法付諸實際。

　　我們常說創業要能抓住機會，機會真正來了，你靠什麼意識到這是能夠助你成大事的機會呢？靠的是靈敏的思維能力，如果思維遲鈍，機會也許就和你失之交臂。特別是對那些欲在商海闖蕩，欲創辦自己企業的創業者來說，敏銳的觸覺，特別是敏銳的市場觸覺更是不能缺少的重要素質之一。世界上的任何一種潮流或者趨勢，都有一定的先兆。就像祖克柏敏銳的意識到當時校友們對於 the Facebook 的執迷，後來進一步開發 Facebook 一樣。如果我們有靈敏的思維和敏銳的市場觸覺，我們就能從現在的事態發展中預測出未來的巨大商機，可見，如果你有靈敏的思維，你就能準確地預測到市場的未來，做好實際思想準備和物資準備，等待時機成熟，就能抓住機遇開始創業之旅，成功地闖蕩商海，揚起自己人生的風帆。那麼，怎麼樣才能培養出靈敏的創業思維呢？建議創業者從以下幾個方面著手訓練培養自己：

　　（1）培養搜集資訊的良好習慣。要有充分利用資訊的能力，學會利用資訊研究社會以及事物的發展趨勢。祖克柏在高中的時候，思維就很敏銳，同學們對於線上同學錄的熱情，在當時就引起了他的注意。

　　（2）培養研究能力。作為一個創業者，一定要深入研究自己將要從事的事業。研究的過程也就是學習的過程，學習的過程，也就是自己從「門外漢」走向「門內漢」的過程。只有自己成了行家，才能準確把

握自己所從事的事業的前景，從而做出科學合理的預測，並在科學合理的預測之下決定自己的創業行為，確定自己的創業路徑。祖克柏推出很多試水之作，就在鍛鍊自己在網路方面的能力，培養自己的研究能力。

（3）培養分析能力。分析能力也就是去偽存真、去粗取精的能力。有了分析能力，就可以使我們不被事物的假象所蒙蔽，進而判斷就有了準確可靠的前提。關注到同學們對於同學錄的熱情，就要分析這種熱情背後隱藏的資訊交流需要，祖克柏很準確地分析到了這一點，從而加速了 Facebook 的誕生。

（4）培養調查能力。調研活動是我們獲得第一手資訊的重要途徑。透過調查獲得的資訊最為準確，可信程度高，調研是決策判斷的基礎，沒有調查研究，我們的一切感知都無從談起。因此，調查能力是培養敏銳觸覺的必不可少的環節。課程搭配的推出，就是祖克柏在調查瞭解哈佛學生的心理需求之後才推出的，所以一經推出，就獲得了很大的成功。

（5）培養決策判斷力。決策判斷力是一種高級的綜合能力。它是在前幾種能力的基礎上形成和發展起來的。但這科能力很關鍵，很重要，如果不能訓練培養出這種能力，那麼，我們前邊所說的靈敏的思維等等都失去了意義。前面所講的幾種能力都是為決策判斷力做準備的。祖克柏在意識到哈佛學生渴望透過人來選課的意願之後，立即果斷決策執行，就體現了他的決策判斷力。因此，要想取得祖克柏那樣的成功，更要重視養成決策判斷的能力。

總而言之，靈敏的思維並非是先天就有的，它需要創業者在實踐活動中不斷培養形成的，任何人只要勤奮努力就能擁有。擁有了敏銳的創業思維我們創業的步伐就會加快，離成功創業的彼岸的距離就會縮短。

【青年創業路標】

祖克柏用他特立獨行的方式,重新闡述了敏銳的思維對於創業成功的重要性。雖說學校是個嚴肅而高尚的地方,但這並不意味著學生就應該被困在那些教育的條條框框中,思維敏捷、創造欲望強烈是年輕人的天性,而靈敏的思維則是創業者發揮創造力的先決因素。

5．要想創業成功，就要自斷退路

　　創業者不僅要有凱撒大帝一統天下的熊熊野心，也需要斯巴達克斯在困境中退守維蘇威火山頂背水一戰的勇氣。任何一項時間投資，都有它的機會成本存在，既然你選擇了這條路，就必然會錯過另外很多道路上面的美景，所以，創業的成功，需要創業者認定自己要做的事情，然後排除一切干擾因素，其中，就包括放棄其他小徑上面未知的美景，這也可以叫做自斷退路。這種選擇，放在祖克柏身上，就包括放棄前途一片光明的哈佛學業。

　　2002 年的夏天，祖克柏住在哈佛商學院宿舍，與他同住的是兩個在艾斯特高中時的朋友。一位是在加州理工學院電腦專業學習的亞當·德安傑羅，而另一位是金康斯，在哈佛的電腦專業學習。這個時候的祖克柏心情很鬱悶，也有很多空閒時間，因為他剛剛和初戀女友分手，因此可以拿出很多時間，與這兩位好友一起交流他們最感興趣的事情——電腦和網際網路。也就是在這個時候，祖克柏對交際性網站的興趣日漸濃厚，而且因為原來的「Facemash」效果不俗，所以，由此延伸出了一些升級版的新想法。

　　聰明的祖克柏已經意識到之前的「Facemash」網站，雖然能給學生提供交流和評議的平台，但是它的功能畢竟有限，只是一個略帶嘲諷攻擊性的照片評論網站，不能滿足學生間廣泛的社交需求。就在為了如何開展新的空間苦苦思索的時候，他突然想到了高中時候的「The Facebook」，當年，同學們對於那本同學錄是多麼熱愛啊，而且，在他離校的那一年，「The Facebook」的網路版也新鮮出爐了，這個點子一

下子點亮了祖克柏一時混沌的頭腦，他想，如果能夠把高中時侯的同學錄轉化成一個獨立網站的形式，並對其加以豐富和完善的話，那對於苦於交流手段缺乏的學生來說，將是一個更加便利和實用的社交途徑，從而徹底改變學生有限的、狹隘的交流空間。

祖克柏知道成事要有團隊的支持，於是第一時間把自己的想法告訴了同寢室的兩位好友，並透過精彩的前景描述讓他們熱情高漲，躊躇滿志。隨後這三個哈佛的在學生在旁人看來有些不務正業，但他們每天一起策劃、研究網站的事情，還透過廣泛的調查去瞭解大學生們的需求和意願。終於，在高密度的工作和大家共同努力之下，祖克柏經過一個星期的精密籌畫，正式創建了社交網站 Facebook。在 Facebook 推出之後，所受到的歡迎完全出乎祖克柏意料，在全美大學生的關注之下，Facebook 迅速成長，變得覆蓋越來越廣，功能越來越強大，顯然，Facebook 開始慢慢轉變成一項正式的事業。

人的時間精力是有限的，即使是能量超凡的祖克柏也有這樣的困惑，Facebook 的火爆發展讓他花費在學業上的精力越來越少了，而且按照眼下的發展趨勢，他能夠用在學業上面的時間只能是所剩無幾。果然，等到了 2004 年暑假結束的時候，Facebook 的用戶已經超過了 20 萬。祖克柏必須把每天大量的時間投入到公司的建設和營運上去，對於學業幾乎無暇顧及。團隊成員們也開始考慮是否還有必要繼續自己的學生生活。輟學就意味著失去學位證書，將來可能失去立足社會的資本。但是，繼續上學則必然影響到勢頭正猛的 Facebook 的發展。

經過一番分析與取捨，祖克柏最終決定離開哈佛，專心經營自己的公司。但是，不是團隊的每個人都敢這樣冒險選擇的，德安傑羅和其他實習生和薩維林一樣選擇留在學校，繼續念書。因此祖克柏、派克和哈利奇奧格盧三人正式離開學校，專心經營 Facebook 網站。這是祖克柏

人生中做出的第一次自斷退路的決定，這樣的決心和魄力讓他做出了人生中最初的最正確的抉擇，而且這樣處理矛盾的思維方法，也幫助他在日後的重重考驗中，脫穎而出，不斷登上事業新的高峰。Facebook 這個源於祖克柏突發念頭的社交網站，將徹底改變祖克柏的一生，因為它讓祖克柏自動放棄了其他任何退路，只專注於 Facebook 這項事業，而命運也給了祖克柏這種具有犧牲精神的選擇極大的回報，讓他在日後大獲成功。

　　要想創業成功就要自斷退路，體現了祖克柏的勇氣和信念。為了發展自己的事業，他果斷地從哈佛大學退學，為自己的理想奮鬥，立即去行動，讓他牢牢地掌控了自己的命運。不應該按人家說的「應該怎樣做」或「不應該怎樣做」去行動，是祖克柏性格中的最大特點，這也是他事業成功的基礎。他認為，成功開始於想法，但是，只有這樣的想法，卻沒有付出行動，而被其他的各種選擇羈絆住腳步，還是不可能成功的。

【青年創業路標】

每一個人的人生之路都像是一棵樹，樹冠茂密，代表著人生的無限可能性。每一根枝枒都代表著一種生活的可能，當一個人經歷了人生初期的營養累積之後，在面臨選擇時，就不能搖擺不定，一會兒選擇這條路，過了一段時間，在原來的道路上遇到了阻礙，又轉而選擇其他路，這樣只會讓你的生命之樹，長出很多粗細差不多的小枝枒，沒有一根主幹。

沒有主幹的樹木，是注定長不成參天大樹的。要有主幹，就要在最初做選擇的時候，把其他的各種可能性都摒棄，只留下自己認為最有發展的一條，作為主幹加以培養。當然，這種自斷退路的行為是有很大風險的，可是，越大的成功就包含著越大的風險。祖克柏認定的主幹，顯然就是 Facebook 了。年輕的創業者，你已經選好了自己的主幹了嗎？在面對這種抉擇的時候，你是要成為一株隨處可見的普通樹木，還是成為一棵隱蔽一方的參天大樹呢？

6．先知道你要什麼？然後再去努力

　　明確的目標是一切成功的創業最基本的前提，不知道自己想要什麼的人，人云亦云的人，隨波逐流的人，注定也會跟著世俗的洪流漂到淺灘，夢想隨之擱淺。所以，在創業的最初，將自己想要的東西，規劃成一個清晰的願景，然後，為了這個願景變為現實逐步付出努力，這樣的創業者，才是明智的創業者。祖克柏的目標很明確，他一直想將Facebook打造成一個軟體發展平台，當平台正式啟動時，迅猛的發展勢頭讓人們不再只將這個網際網路新貴看作是大學生玩票的產品。Facebook終於正式超越了My Space，也開始朝著成為網際網路領域微軟的目標大步前進。

　　祖克柏在很小的時候就清楚自己想要什麼，當他在少年時期，就透過為美國線上編寫功能代碼學會了程式設計。但是他不滿足於此，他要建立一個具有社會公共價值的軟體發展平台，當時他的能力還不足以做到，所以，他選擇較為折衷的一條路，改造現有的——透過努力將美國線上開發成一個公共資源。美國線上是當時占統治地位的線上服務，可能並不是出於美國線上高層意願，但是祖克柏透過一個駭客社區慢慢施加影響，硬生生地把美國線上轉變為了一個軟體發展平台。

　　祖克柏後來解釋說：「這是一個集開放與共用於一體的社會迫切需要的一種交流平台。同時，也是一個相容理想主義和現實主義行事態度和風格的空間。」如今，他的這些很具有前瞻性的觀點，被很多同行認為給網路時代帶來一場變革。祖克柏的努力一直都是很有目標性的，對於開發一個公共平台的熱情從未減弱。之前提到在菲利普艾斯特高中讀

三年級時，他和亞當·德安傑羅合作編成了一個聽 MP3（音訊檔）用的軟體，名叫「Synapse」。「Synapse」流行開來的原因也和祖克柏堅持他的初衷有關，因為他把「Synapse」做成了一個迷你平台，它允許其他程式愛好者設計能夠提供額外功能的輔助程式，這種有著廣闊包容性的設計理念一直貫穿祖克柏作品的始終。

而當祖克柏在 Facebook 早期放棄了讓他癡迷和珍愛無比的文件分享功能 Wirehog 時，他就在把 Facebook 設想成一個平台。實際上，如果簡單地說，Wirehog 是第一個運行在 Facebook 上面的應用程式。在 Facebook 的早期，馬克·祖克柏就有一種特殊的癡情。2004 年 5 月的一個夜晚，當祖克柏與早年的合作夥伴肖恩·派克在那家時尚的翠貝卡餐廳相遇時，他們進行了一次奇妙的交流。當時派克覺得祖克柏有些心不在焉，因為他一直在試圖脫離主題，反覆談到他如何想把 Facebook 轉變為一個開發平台。

祖克柏其實沒有心不在焉，他只是在和派克分享他一直以來堅持的一種理念，他希望把他的 Facebook 轉變為一個公共的軟體發展平台，讓程式設計愛好者能夠在上面發表軟體，甚至賺到利潤。這個點子似曾相識，因為微軟的視窗和蘋果的 MAC 作業系統，都是為他人開發應用程式而搭建的平台。不過祖克柏對於他初衷的堅持沒有立刻得到支持，因為派克爭辯說當時考慮那樣的問題還為時過早。

無獨有偶，祖克柏對於開發公共平台的熱情不會單單對派克一個人說起，創業邦的凱文·埃法西也有同樣的回憶。2005 年春末，在創業邦對 Facebook 進行了投資之後，祖克柏與他有過幾次交流，然後這位年輕的首席執行長請他幫一個忙，當然，一開口就事關祖克柏最初建立公共平台的最初理想：

「凱文，我需要找到一個人幫助規劃我的平台戰略。」

「嗯，什麼？也許將來有一天我們有可能會變為一個開發平台，」埃法西的回答頗為躊躇，因為他對祖克柏的平台構想不甚認同，覺得祖克柏過於冒進。「現在我們僅僅是一個只有六個人的小公司……我的意思是，我想我可否尋找一個在 BEA（一家著名的企業基礎架構軟體公司）的傢伙，他做過一些有趣的平台開發工作……」

祖克柏顯然不在意任何質疑和否定，果斷打斷了他：「BEA？我更多是在考慮像比爾·蓋茲那樣的。你能幫我聯繫到比爾·蓋茲嗎？」

「呃，這個……我就不清楚了。也許吉姆·布雷耶能夠辦到……」埃法西始終沒有肯定積極的回答，但是祖克柏毫不在意。

一個星期過後，埃法西再次來到了祖克柏的辦公室。

「嗨，」祖克柏說，「我和他談過了。」

「和誰談過？」

「比爾·蓋茲！」

顯然，祖克柏對於初衷的堅持和行動的魄力是很多人都沒有想到的。當時年僅 21 歲的祖克柏，發現了一個聯繫到蓋茲的管道：他的新朋友丹·葛拉漢和比爾·蓋茲是朋友，於是很有效率的利用他的關係安排了一次會面。關於建立一個公共平台的想法縈繞在祖克柏心中很久了，爭取到會見蓋茲這個機會，他當然很果斷的抓住，並且積極聽取蓋茲的意見將自己最初的想法付諸行動。

祖克柏面對 Facebook 的迅猛發展沒有迷失過自己，忘記最初自己想要的是什麼，在 Facebook 創始之初，祖克柏就在嘗試著設想他的 Facebook 如何不再只是網際網路上的一個終點，超越一般的社交網站，只是一個為人們互相交流提供的場所。雖然從表面上看，Facebook 的新功能層出不窮，但是祖克柏關於自己最初的堅持卻從未動搖，因為他有著一顆執著追求的心，一顆堅定不移的心，一顆明白自己想要什麼，更

明白此刻世界想要什麼的睿智的心。在確定了自己想要什麼之後，祖克柏為之付出了從未間斷的努力，甚至不惜透過間接人脈找到蓋茲以贏取支持。

要想創業成功，就要知道自己要什麼，然後再去努力，因為行動是成功的保證，有了強烈的欲望，知道自己想要什麼，有了美好的理想，還不夠，必須在欲望的驅使下大膽行動，才能實現目標，有所收穫，迎來勝利的結果。你是否四肢不動，終日無精打采地過日子？你是否有了一副萬靈的腦子而不知使用？果真如此，那你一定要立刻行動起來，用實踐把欲望變成希望，把腦袋變成錢袋。祖克柏認為，成功者在有了念頭之後就應該堅持住這個念頭並馬上為之努力。他們不花費時間去發愁、猶豫、徬徨，因為發愁不能解決任何問題，只會不斷增加憂慮、浪費時間。

知道自己想要什麼，就和企業一定要有自己的口號一樣，口號讓員工知道奮鬥的方向，知道自己所為之奮鬥的目標。但是，要創業成功光喊口號還不行，更為重要的是付諸行動，知道心裡想要什麼，然後為之努力奮鬥。就像祖克柏說的：「想做的事情，立刻去做！」用一句話來概括那就是「行勝於言」，其實這還體現了一點：「言而有信」。只有想到什麼就去做什麼，腳踏實地做事，才能說話擲地有聲，令人信服、追隨，否則大話空話說再多也無濟於事。

腳踏實地將心之所向付諸實際，是認真創業的表現；擁有一顆理智的心，是清醒創業的狀態。無論是個人成長，還是企業發展，都需要在確定目標之後做好執行，用行動創造價值。史玉柱在擔任《贏在中國》的評委時，曾經懇切地建議創業者：「不要急著做中美的『跨國市場』，找個小地方，先做起來。」這是把想法變為現實、由小到大、穩健發展的成長智慧。

　　這些創業成功者總是有著相似的人生經歷，在這些經歷中，鍛鍊了他們非凡的品格，讓他們能夠在時代的浪潮中看清方向，把握好機遇。正是他們在實踐中培育出的敏銳的洞察力以及對新技術的探索，堅定了他們奮鬥的目標，明確了自己的心之所向，從而在日後抓住每一個可能的機會起飛跳躍，最終站在行業的頂峰。

【青年創業路標】

　　祖克柏的成功告訴我們：很多時候的異想天開不是壞事，只要這種奇思妙想經得起理論的推敲和實踐的檢驗。堅持自己夢寐以求的東西，有時候會陷入一種狂熱的狀態，這種情況很可能是這個人對某件事太投入了，對其他的一切都已經不在意了。而這種專心致志，正是創業者必備的素質之一。因為在很多時候，「狂人」和成功的人才是真正知道自己想要什麼和在做什麼的人。

　　「我只不過喜歡編寫小程式。」馬克·祖克柏如是說，他把這種喜歡、這種小愛好堅持了下來，並發展成為一次影響世界資訊傳播的革命。作為高知識階層，大學生群體是一個具有很高創造力的群體，但是很多人都是創意有餘而恆心不足，更無法在繁雜的萬象中找到自己夢想的目標，其實，只有確定了目標之後的努力，才有意義。

7．認清身價，找準創業定位

　　充分認識清楚自己是什麼樣的人，擅長做什麼樣的行業，在這個行業裡面能做出多大的影響，然後才能找準創業定位。

　　開始創業，很多成功創業者都認為：老老實實做好自己擅長的工作，這就是最好的投資。

　　你擅長做技術，就爭取把技術做到最好；擅長做生意，就把生意做到一流。上帝給每個人的機會都是一樣的，平等的，不管你的出身如何，學歷怎樣，現在從事那種行業如果做得風生水起，那麼你就應該定位在那裡，朝一個方向努力，做好創業中的每件小事。

　　祖克柏的 Facebook 雖然取得了全球性的成功，但是並不一定每個企業都要做大，也不可能每個企業都成為世界 500 強，我們要學習的，就是祖克柏認清自我身價的這種意識，學會在擅長領域做專做好，找準自己的創業定位然後為之奮鬥。

　　高中時代開發的播放機外掛程式大獲成功，讓祖克柏認識到自己的能力和在網路行業的發展潛能，而隨後蜂擁而至的各大公司的重金收購請求和工作邀請函，則進一步讓祖克柏清楚了自己的身價，找準了創業的行業定位，決心自己日後就要從事網路行業，並且憑藉自己的才情和商業頭腦，一定能在高手林立的矽谷闖出一番天地來。

　　當 Facebook 在網際網路上炙手可熱的時候，再一次的，祖克柏面對如何給自己和自己一手培養起來的 Facebook 的身價定價這樣一個難題。當時覬覦 Facebook 網路寡頭們可謂是不惜血本，重金收購成了各家大型財團對 Facebook 共同的策略。這個方法在之前針對其他公司的收購

中可謂屢試不爽，但是這一次，他們面對的是明確的知道自己身價的創業者祖克柏，這個年輕人比任何人都清楚自己手中這塊璞玉的價值。

當時 Facebook 內部估算 Facebook 的市值大約為 40 億美元，對於一個幾十人的小公司來說那可是一個巨大的飛躍，因為僅僅在一年多以前，Facebook 的估值為 5.25 億美元。但是祖克柏心裡知道 Facebook 的價值遠不止於此，果然不久之後有幾家風投和私人股本公司正願意出價 100 億美元來收購 Facebook 的一大部分股權，這樣的高價已經讓人瞠目結舌。顯而易見，普通人之前考慮的數字太過渺小了。但是，祖克柏明白自己的身價遠不止於此，所以對那個價位還是不滿意。

當時，祖克柏覺得公司可以值 200 億美元。有些人可能覺得祖克柏是年少輕狂，但是當祖克柏決定按 150 億美元的價位來試試的時候，果不其然，祖克柏找到了一些感興趣的對象，雖然這些人並不是很積極，但是畢竟有人同意祖克柏對自己身價的定位，同時也證明祖克柏選擇社交網路這一行業定位是極其明智的。

「我們找到了市場價位。」祖克柏說道，「我們準備在 150 億美元的公司估值上達成交易。」當然，祖克柏最終沒有因為任何高價賣出 Facebook，因為他心裡清楚，這場轟轟烈烈的估值風波，只是為了讓他證實一直以來他對於自己和 Facebook 的身價估計是否正確，果其然，喧嘩過後祖克柏認定了自己的創業定位是極具先見之明的。

祖克柏很早就清楚自己的身價所在，所以面對多輪重金收購風波，他都是身懷熱情但是更具有理性，正是這份難得的理性讓他一直沒有忘記自己身價所在。祖克柏在創業的道路上能夠成功，也是在意料之中的。而一旦明確了自己的價值所在，選擇了自己的未來發展方向，祖克柏就徹底釋放了自己的熱情與才華，為我們演繹了後來 Facebook 的華美篇章。沒有熱愛，就沒有投入，沒有忘我的工作態度，便沒有傑出的

工作成績，就聚集不了財富。對創業者來說，因為明確自己的身價，才能找準創業定位，這讓你在無形中擁有了這一重要的素質，比起其他的創業者，就增加了一個成功的砝碼。

因為知道自己的身價所在，挫折就不再是挫折，痛苦也不再成為痛苦，這一切都成為了提高身價路上的美好體驗，成為一種享受。如果你是找準創業定位之後而去創業，那就沒有失敗，因為你是順應自己身心對美好事物的追求過程，這本身就是一件很愜意的事，所有的挫敗也都會被你的熱情所征服。成功，只不過是對你堅持這種堅守自己是身價行為的一個小小獎勵。

事實上，祖克柏在認清自己的身價，確定自己的創業定位之後，拒絕的高價收購可說是多如繁星。但是無論外界如何喧囂，在內心深處，祖克柏十分清楚自己要的是什麼。大多數人追求的金錢對於祖克柏來說，不是那麼重要，他最看重的是自己的夢想，保持自己的夢想不貶值，才是讓自己的身價不貶值的根本，而一手創辦的 Facebook 的成長，這些才是他人生價值體現的地方，才是他的創業定位，而不是那些冰冷的鈔票。他是一個創業定位清晰的人，而不是那種會因為利益而就將 Facebook 拱手讓人的人。

【青年創業路標】

其實不難發現，有很多像馬克祖克柏一樣有著鴻鵠之志的成功者，都曾經歷過夢想被人放到天平上待價而沽，直至重金誘惑像暴風雨一樣，輪番砸在眼前。但是，他們成功的關鍵在於面對這些金錢誘惑的時候，懂得自己堅守的夢想，是無價之寶，自己本身，就是一座擁有無限潛力的礦藏。商品可以被出賣，但是夢想不可以，上班族可以為高薪所動，轉而投靠他主，創業者自始至終都要做自己事業的主人，絕不可以為了金錢而出賣了自己。

總之，創業成功者有著共通的品質，他們都擁有堅毅的性格、敏銳的觀察力和超強的行動力，還有對待事業的熱忱和進取精神。他們不為外界的任何誘惑所動，執著的堅持了自己的創業定位，勇敢選擇自己認為正確且有意義的事情來做，這些是年輕的創業者最值得學習的地方。

facebook

Share 2——用自己的強項創業

創業的選擇和籌畫是個艱難的階段，人們常常左右遲疑徘徊不前。但是，祖克柏告訴我們：「做你愛做的事。如果做你所愛的事，在逆境中就依然有力量。而當你從事喜愛的工作時，專注於挑戰要容易得多。」

1 · 擅長什麼，就用什麼創業

　　做自己擅長做的事情更容易成功，創業更是如此，創業者應該在自己擅長的領域開始自己的創業生涯，輕易涉足自己不熟悉的領域，往往因為不能輕車熟路而落得人仰馬翻。祖克柏就是一個懂得在自己擅長的領域開始創業的創業者，談到年輕有為的祖克柏，人們總會聯想到大名鼎鼎的比爾·蓋茲，因為他們有很多共通點：哈佛大學的學生，19歲開始創業，有著過人的IT天賦，世界年輕人敬仰的偶像……這些華麗的光環很容易讓他們產生交集。但是很多人忽略一個事實，就是在兩個人的成功之路上，有一點是最關鍵的，那就是興趣和專長。有一次，祖克柏出席某學校的交流會，回憶起大學創業生活，他用最簡短的話概括了自己的心得：「大多數時候，我做自己喜歡的事。」

　　任何年輕人都曾迷茫過，找不到屬於自己的天地。剛進入大學校園時，祖克柏並沒有立即投身到自己熱愛和擅長的網際網路領域，像身邊的同學一樣，他在自己並不擅長的學習方面耗費了許多寶貴的時光。後來，祖克柏實在厭倦了這種虛擲光陰的生活，覺得這些事情是自己所不擅長的，的確是不能讓自己能夠施展拳腳的，自己的所長是在網路世界裡面馳騁，於是向網路行業創業的念頭越來越強烈。當同學們專心備考的時候，他開始琢磨在網路應用上尋求突破。透過實踐和尋訪，祖克柏找到了大家的需求所在，並集中精力研究社交網路。最後，雖然學習成績一塌糊塗，但是他建立的社交網站——Facebook卻贏得了老師和學校的一致認可，由此他也逐漸找到了自己的創業方向和人生目標。

　　許多時候，興趣決定了我們的投入程度，而特長決定了我們投入的

回報大小。當然，如果你的興趣與特長相輔相成，並能夠把這兩點與你的事業相結合，那麼成功的機率會大大增加。因此，選擇創業方向時，首先應把個人優勢放在優先考慮的位置，這樣在前進的道路上才容易獲得事半功倍的效果。人的價值不一定是體現在最有價值的領域，而是體現在自己最擅長的領域裡，創業這項需要專業能力和持續熱情的事情更是如此。祖克柏以自己的切身經歷告訴我們，無論選擇學習方向，還是挑選職業，以及確定創業目標，都應該把興趣和特長排在第一位。

擅長做一件事會讓事情的進度和品質超過泛泛之輩做出的成績，祖克柏創立 Facebook 最初的時候並不是以公司形式開始的，而是與一些志同道合、和他一樣擅長網路程式設計的朋友共同創辦的。這樣大家都是在做自己擅長的事情，自然省去了不少像培訓生手之類的麻煩，也帶來了更多意想不到的收穫——在短時間內，網站的完善程度和進展速度遠遠超出了他們的想像。顯然，祖克柏跟他的夥伴在自己擅長的領域中活力無限，而且每個人都懂得發揮自己的長處，並善於從市場和技術的角度出發，靈活運用自己今後創業所需的專業技能和知識。而且，整個團隊出於對於網路的熱愛，時刻關注這個行業的最新動態，讓他們在第一時間抓住了成功創業的機會。

做自己擅長的事情更容易成功，對年輕的創業者來說，自己所長更是創業方向的一個指引和導向。大名鼎鼎的蘋果公司創始人史蒂夫·賈伯斯也說過類似的話：「成就一番偉業的唯一途徑就是熱愛自己的事業。」熱愛一件事便會主動為之投入心血，自然而然就會成為其中的佼佼者，而擅做這個行業的工作之後，很多創業生手常常遇到的問題，很可能到了你這裡便迎刃而解。做擅長的事情能夠最大程度上激發個人潛能，改變個人的事業狀態，進而改變自己的人生。這一點在馬克·祖克柏身上得到了淋漓盡致的體現。如果問祖克柏「最不願意放棄的東西是

什麼」，那一定是 Facebook。對他來說，社交網路是他最擅長做的事情，而 Facebook 就是他的生命，融合了他全部的心血和才智，一旦失去，他也就沒有了存在的價值。

雖然年輕是一種資本，創業為擁有這種資本的人提供了無限可能。但是，年輕的創業者不能把時間揮霍在無謂的嘗試和挑戰上，胡亂從事自己不擅長的事情只會帶來打擊，所以要減少因為盲目和莽撞帶來的損失甚至悔恨。做自己擅長的東西，並集中於人們真正關心的內容，擁有世界性的遠景，那麼你的創業項目才會一步步接近成功，你的公司才能營運下去。祖克柏是這麼理解的，也是這樣做的。因此，發現自己所擅長的，並發揮自己的優勢將是你找到創業方向的一條捷徑。這樣的話，創業就不再是一項辛苦的差事，而是讓你樂在其中的一種享受。

俗話說，隔行如隔山。進入自己並不瞭解的行業，需要特別慎重且不見得有所收穫；而選擇自己熟悉的行業，則容易駕輕就熟大獲成功。知道什麼商品有市場，知道不同產品的優劣及消費者的需求，知道市場的發展方向等，都會讓創業成功變得更容易一些。祖克柏的經驗是，制定商業計畫，做出商業決策，憑藉的是自己在社交網路領域打拚多年的經驗，而且自己正是擅長這一行，所以往往會做出較為明智的抉擇。由此可見，做任何事情，都有一個從陌生到熟悉的過程。創業成功的簡單方法是，在剛開始投資、創業的時候，一定要堅持進入熟悉的領域，有自己擅長的業務。擅長什麼，就創什麼業，關鍵要把握好以下幾點：

（1）專業成就卓越。

許多人感嘆，創業難。這也不容易做，那也做不好。祖克柏的成功經驗告訴我們，只要專注於某一行，在這一行裡做專做精，把這一行的工作變為自己所擅長的，經過日積月累，自然會成為專業人士，獲取利潤就水到渠成了。當一個人用畢生的精力去投身於他鍾愛的事業，並堅

定地為那結果努力時，完全可以憑著自己長期的累積，在所擅長的領域做出驚人的成績。每次談到自己的社交網站，祖克柏都頭頭是道，這些經驗不是天上掉下來的，而是多年累積的結果，是專業所長促成了這一切。

（2）利潤來自於專業品質。

商業競爭的一個重要法則是優勝劣汰，誰的產品品質更好，誰就能勝出。因此，商業利潤來自於專業品質。祖克柏最擅長的是領導他的團隊一起設計程式，做出更吸引人的產品，所以 Facebook 透過開發各種工具，幫助人們與他們所想的人建立聯繫，並分享資訊，由此擴大人們建立和保持聯繫的能力。祖克柏知道自己擅長做什麼，也知道自己擅長的正是使用者需求，他就及時抓住了網路社交這一巨大需求，並充分發揮自己所長，以優質產品和服務滿足這一需求，從而吸引了世界各地的目光，並獲得了不菲的商業價值。

〈〈〈〈〈〈〈〈〈〈〈〈〈〈〈〈〈〈〈〈〈〈〈〈〈〈〈〈〈〈〈

【青年創業路標】

作為新一代創業偶像，祖克柏給年輕人帶來了很多啟示，最重要的提醒是，你的潛能和優勢才是激發創業熱情的最強動力，創業，就要做自己擅長的事情，如果擱置了自己的天賦和專長，而一味地隨波逐流，最後只能湮沒在浩瀚的商海之中。

對年輕的創業者來說，在選擇行業、項目之前，請先拋開外界的浮躁和喧嘩，聽聽自己的心聲，尋找自己的優勢。當你能夠輕車熟路地善用自己的優勢時，在未來創業之路上才會脫穎而出。

2．資訊跑多快，就要追多緊

　　現代社會，資訊與人才、物資、能源並列為人類社會經濟發展的四大要素，號稱「無形的財富」。要掌握資訊帶來的財富就要有能力跟住資訊的腳步，做到資訊跑多快，就要追多緊，資訊有著它自己的特點，說它是無形的財富，是因為資訊的累積和傳遞，不能直接創造物質財富；而說它是財富，是因為透過它作用於生產經營過程，就能夠更好地利用和開發物質資源，獲得經濟效益。從這個角度看，資訊好比黃金萬兩。一條資訊救活一家小公司，一條資訊使一個窮人變成富翁，這樣的例子俯拾皆是。即使你白手起家，即使你的公司規模很小，缺乏資金、設備、廠房，只要你能及時跟得上資訊傳播的腳步，並有能力加以開發利用，照樣可以創業成功、把自己的事業做大做強。

　　網際網路的出現徹底改變了資訊傳播的原有途徑，這個新媒介、方便、快捷，具有即時性和大眾化的特點，在無形中為人與人之間搭建了一個交流的橋樑，讓交流變得更加簡單和快捷；讓朋友之間的溝通變得更加頻繁和密切；讓繽紛的世界和社會變得更加開放和真實。馬克·祖克柏顯然是一個對於資訊十分敏感的創業者，因為他一手打造的社交網路 Facebook 正是利用網際網路獨有的資訊傳播方式，並緊緊地跟住了網路時代線上使用者的需求，緊緊地跟住資訊的腳步，為新時代的社交網路打造了一片更廣闊的天地。

　　馬克·祖克柏自小就對資訊有著很強的敏感性，而且懂得追著資訊的傳播速度，不讓自己落伍。祖克柏確保資訊時新度的途徑是他的電腦，一直到他進入哈佛大學學習仍保持著這一習慣，以至於他在主修心

理學期間整日癡迷於電腦上的這種資訊，馬克祖克柏的特別之處在於，他對電腦的迷戀，並不像一些貪玩的年輕人那樣，只是沉迷於網聊或是遊戲。電腦對他而言，是一個開闊視野的工具和媒介，他在透過電腦使用網路的時候，有著很強的開拓性，保持著一種與時俱進的精神，甚至在很多時候，網路時代的資訊跑多快，他會瀟灑的跑在資訊的前面。在祖克柏的意識當中，他似乎將網路資訊傳播當作一種得來順手的遊戲，並且慢慢地掌握了遊戲規則，從而越玩越上手。大學期間，他為自己設計了網站 Facemash 正是抓住了同學們對於網路交流平台非常渴望這樣一個重要資訊，然後緊緊追著資訊的腳步，做出了這個備受歡迎同時也是備受爭議的「砸臉網」。

Facebook 的一步步完善也是祖克柏緊緊追住資訊腳步的結果，他注意到網路時代人們渴望在虛擬的網路中也可以充分的以誠相待的這種需求資訊，從而細心進行了相應的設計。很早之前，他就聲稱，Facebook 建立的「社交圖表」僅僅是與人建立關係的第一步。在不遠的將來，Facebook 將把現實的物也編織進「社交圖表」。就像祖克柏團隊中的伊桑·比爾德所說：「我們意識到可以用圖示表現的不僅僅是人，也可以是任何和你有聯繫的物體、項目、組織、想法等等所有的東西。當展示出這一切時，我們就可以充分瞭解某個人的個性。」或許可以這樣理解，未來 Facebook 的「社交圖表」將不僅是人與人之間的關係，還會有物與人的關係。如同現實生活中，兩個人往往因為喜歡同一部電影或書籍成為朋友，「物」也將成為連接人與人之間關係的紐帶。這種充分歸納資訊，然後做出超前決策的行為，簡直可以說是跑在了資訊的前面。

這樣的預想，顯示了祖克柏團隊對於資訊的敏銳程度非同小可，他們意識到社交網路發展的前途所在，同時又用一種實業家的精神，慢慢

的試圖把捕捉到的這種資訊變為現實。Facebook 作為一種社交網路，它基於人際關係進行傳播，其神奇和獨特之處正在於它推行網路實名制。網際網路誕生之初的設計理念是當時盛行的反傳統思維，整個網路中沒有任何中樞，也沒有任何人統一管理。這是平等和匿名的天堂，每一個人都能夠隱去自己的身分在網路中遨遊，可以任意選擇你的年齡、性別、種族、婚姻、工作、住所等資訊。因此，人們不知道自己在網上交談的對象是誰，缺少了很多的信任與責任。祖克柏看到這一點後，抓住了匿名互動的體驗給網路空間會帶來的種種負面影響這一重要資訊。因此，在複雜的網路世界中，祖克柏讓 Facebook 在網際網路世界裡第一次引入了實名制，使得原本魚龍混雜的網際網路世界第一次出現了內容和現實世界高度接近的網站，特別是在一個都不知道聊天對象是一個人還是一條狗的混亂交流的海洋裡，Facebook 開闢了嶄新的世界。

　　實名制是抓住用戶渴望坦誠交流這一資訊之後，僅僅追緊資訊做出的明智舉措，而在引入實名制的同時，祖克柏還抓住了這個資訊的另一面，就是實名制制度是否會讓人們為自己隱私能否得到保護而擔憂。基於這個考慮，祖克柏為 Facebook 量身訂做了完善的資訊保護機制，避免了資訊氾濫成災，保證了使用者的隱私權。他所設計的是一套複雜的個人隱私保護法則。如果有協力廠商想瞭解某個使用者的資訊時，該使用者可以很快洞察出對方的意圖，並自主選擇公開或隱蔽自己的資訊。

　　矯枉過正往往是創業者容易犯下的錯誤，知道了一個資訊之後，馬上朝著這個資訊提供的方向全力以赴的衝過去，結果往往矯枉過正，而過猶不及，對於資訊的認知也要有辯證的眼光，Facebook 在實施實名制之後，雖然會吸引很多用戶，但是如果由於管理不當造成用戶隱私受到侵犯，則會讓 Facebook 毀於一旦，而祖克柏卻及時找到了這個資訊點，在恰當的時候給了網友一個保障。祖克柏說：「在這個社會中，信任是

最基礎的。所以我們的核心理念是，將這種信任關係在網際網路中重現。在多數時候，這種信任關係就是友情。」祖克柏能根據市場和大眾需求資訊來定位目標，開拓網路、改進機制，正是他獨特運用資訊的具體體現。

資訊化浪潮方興未艾，創業公司必須走好資訊化道路，才能站在更高的起點上，有更大的作為。具體來說，像祖克柏一樣靈活的運用信息來管理公司能給創業公司成長帶來多方面的效益。首先能夠提高工作效率，降低經營成本。通常，小公司往往有十幾人甚至是幾十人，大家從早到晚不停地加班加點工作，結果卻是錯誤率高，重複性高，事倍功半。資訊化不但能夠有效克服工作效率低下的問題，還能節省公司營運成本；其次能夠提高管理效率，增強決策的準確性。因為決策本身就是處理資訊的過程，傳統管理機構大多比較臃腫，人浮於事的情形嚴重，許多人負責也等於無人負責。推行資訊化，可以把各種資訊迅速地反映到總部，使管理者在第一時間得到大量有效的資訊，從而提高了管理者的決策水準。

再進一步說，祖克柏的 Facebook 其實就是一個資訊化高效管理的典範，這樣做對於我們一般的創業公司來說也有利於降低經營風險，提高贏利水準。從物流管理到資金流管理，資訊化降低了公司經營風險。特別是透過電腦管理軟體的使用，公司在銷售管理中的費用支出會大大降低。再從提升公司形象，增強公司競爭實力來說，實施資訊化，公司從硬體到軟體都全面地進行了改觀，使公司的形象得到較好的提升，員工的精神面貌也為之煥然一新。

祖克柏就很喜歡用即時通信軟體和他的員工們進行溝通交流，這樣他們的員工覺得新奇而且事實上的確高效，Facebook 已經人過中年的人力資源總監會在電腦前等到凌晨三四點，就是為了不要錯過公司的即時

通訊，因為她知道很多重大決定正是在那個時間做出的。祖克柏對於資訊化的運用，的確值得每一個年輕的創業者學習。

任何一種獨特的資訊存在時，倘若我們看不到它的光環，意識不到它的神奇所在，那麼只會浪費掉這種寶貴的有發展潛力的資源。能夠做到把握住機會，並將能做大的事業發展起來才是王道。對此，網路資訊變化有多快，祖克柏就會追著跑多快，這樣敏捷的反應能力造就了他的神奇人生，也創造了網路時代獨有的神奇的交流方式。祖克柏對於網際網路時代資訊交換與傳播的探索從未停止過，是他的主觀能動性讓這份神奇一直延續在人們的社會活動中，這也證明了他人生的傳奇性。

【青年創業路標】

祖克柏對於資訊的靈活掌握有一種與生俱來的天賦，他和網路時代的資訊傳播方式更是有一種剪不斷的緣分。能夠將學業之餘的樂趣發展為自己奮鬥的事業，這是一種難得的堅持，也是一種對於創業夢想持之以恆的執著。網路資訊傳播固然神奇，但也是因為有祖克柏的探索和發現，才會開闢出更廣闊的網路天地。

3·「趣味」多的地方，財富越多

　　有趣，可謂是對人比較高的一種評價了。而有趣的產品，有趣的經營方式，有趣的消費體驗，更是現代商場在博弈中抓住客流的撒手鐧，讓自己的產品越有趣味，就越有機會賺進更多的財富。網路本身就是一個很有意思的載體，能夠用前人難以企及的速度傳播資訊，能夠輕而易舉的消除種族差異，讓不同膚色的人們在一起分享自己的生活經歷，能夠讓偏僻地區的人們也能在第一時間知道地球另一端正在發生的事情，這些及其具有吸引力的要點放在一起，讓社交網路成為一個多種趣味的集合體。而 Facebook 就是抓住了這一點，集眾多趣味於一身，所以，Facebook 的出現震撼了網際網路行業，成為了全球最大的社交網站，也是歷史上由完全不同的人聚合在一起的速度最快的團體，這些人聚在一起，享受著這個出色的社交網站帶來的巨大樂趣，這樣的人氣也為Facebook 帶來了足夠的財源。

　　Facebook 超強的趣味性帶來的人氣和財運驚人：2010 年 7 月 22 日，Facebook 全球活躍用戶突破了五億。並且，註冊用戶有一半以上每天都登錄網站。而且，用戶平均每天在 Facebook 上花費 1 小時的時間，又是什麼吸引了越來越多的人加入 Facebook 的大家庭？在這五億多人中，其中有 28% 是 34 歲以上的成年人。毫不誇張地說，這是人類歷史上規模最大效率最高的一次人口聚合。將穩重的成年人和活躍的少年集中在一個大社區中，需要什麼樣的魅力和趣味呢？而且，更為重要的是，這大量的用戶量激起的是廣告投資商蜂擁而至的熱情，趣味帶來的財富，在 Facebook 這裡得到了最好的詮釋。

　　Facebook 到底有趣在哪裡呢？每個月 Facebook 的用戶會上傳 10 億張照片和 1000 萬個視頻，所以在這裡，你可以分享自己的樂趣也可以分享他人的樂趣；每週有超過 10 億條的網站連結、新聞報導、網誌文章以及照片被上傳，所以在這裡，你可以知道最新的資訊並發表自己的看法；迄今有超過 4500 萬個用戶小組活躍在這個網站上；每個月有 250 萬個以上的事件或活動成為現實，所以在這裡，你和朋友們可以組織策劃更多好玩有趣的活動。或許，正是這種把虛擬網路與現實生活的完美結合，從而使得生活更加高效、便捷甚至有趣的傳播方式，吸引了如此眾多的用戶。

　　因為讓 Facebook 如此妙趣橫生，從而取得了這些傲人的戰績，成為《時代》雜誌年度人物的祖克柏興奮地說：「我們擁有整整一個時代裡最具威力的資訊傳播機制。」祖克柏之所以如此自信地說出 Facebook 的威力，還在於 Facebook 不僅現在如此有趣，還擁有充足的想像和發展空間，能夠挖掘出社交網路使用者更多的興趣點，打造更加有趣、更加吸引人的 Facebook。仔細想想，一個有著一頭棕色卷髮、稚氣未脫、上台講話常常緊張到滿身大汗的二十多歲小夥子，居然能夠建立一個讓五億人口都感到趣味多多的網站，實在令人欽佩。

　　事實證明，Facebook 之所以產生如此廣泛的影響力，是有它的道理的，因為它的每一個改進，都緊緊貼著使用者的需要，都深深瞭解著用戶的「興趣」所在。當五億使用者的資料被整合在一起時，用戶間不僅可以互相瞭解身分，還能知道各自的興趣，從而找到與自己興趣相同的聊友，為生活增添更多情趣，或者交到更多志同道合的朋友。丹麥前總理就曾利用 Facebook 找到了一群喜愛慢跑的好友，這個社交網站讓見過大世面的一國總理都覺得這樣有趣，對於普通的用戶來說，就更是充滿了趣味性了。

　　透過抓住用戶群體的興趣需求來開拓市場，增進財源，在任何時候，都是商場上制勝的法寶。在日本也有這樣的例子，雄二在銀座開了一家百貨商店，開業兩三年，生意冷冷清清。經過很長時間的觀察，雄二得出這樣的結論。平時光顧百貨公司的人中女性占了80％。為了盡可能地吸引女性，白天他擺設家庭主婦感興趣的衣料、內褲、實用衣著、手工藝品、廚房用品等實用類的商品。晚上則改變成一家時髦用品商店，將朝氣蓬勃的趣味氣息帶到商店，讓女士們在這裡消費覺得很有趣，以便迎合那些年輕女性的消費興趣。兩個月後，商店的銷售額增加了5倍，而光顧的人越來越多。這顯然就是店主懂得滿足客戶興趣得到了回報。

　　對於身處於市場的創業者來說，是否能準確找到用戶的興趣點，從而開發出有趣的產品，將直接影響到未來是否能夠完成創業目標，並且事關企業市場行銷戰略的制定與實現。因此，創業者必須進行嚴密的市場調研，就像祖克柏積極瞭解網路使用者需求那樣，根據目標客戶對產品、服務的不同需求、不同的購買方式與習慣，進而做出滿足用戶趣味需求的調整，同時在改進中尋覓真正屬於自己的空白點加以開發。

　　時刻謹記要生產出趣味多的產品，因為趣味多的地方人氣就旺，而人氣往往會帶來滾滾的財源，這種對於用戶趣味點的開發，直接決定著公司日後發展所需的一連串戰略的確定，也決定了公司未來發展後勁的「先天條件」。祖克柏從最開始做 Facebook 的時候，就要把 Facebook 做成一個有趣的交流平台，而後不斷發表的新功能，則保證了 Facebook 的趣味性不會隨著時間的流逝而失去吸引力。所以創業者必須在深入市場之前，充分定位客戶市場的趣味需求所在，然後尋找一個理想的目標市場。集中發力，才能有的放矢的開展戰略，贏得創業的成功，安享由趣味帶來的滾滾財源。

　　找到使用者感興趣的地方，做出富有趣味的產品，有利於更準確地發現客戶興趣的差異性以及興趣需求被滿足的程度，從而更好地抓住市場機會，迴避市場風險；還可以清楚地掌握競爭對手在市場上的競爭實力和市場占有率，以便更好地發揮自己的競爭優勢，選擇最有效的目標市場。對於初創業的人來說，由於自己的公司資源以及市場經營能力有限，在整個市場上根本不是那些成熟的大、中型企業的對手，因此只能在選準市場的基礎上，透過尋找客戶的興趣點，做出富有趣味的產品吸引使用者來填補他們的空缺。換句話說打「趣味戰略」也就是拾遺補漏，然後見縫插針，將整體劣勢變為局部優勢，從而找到立足之地，使自己在競爭中不斷發展和壯大。

　　準確定位了使用者的興趣所在之後，產品開發目標就變得小而具體了，因為用戶趣味需求的細分，特點即顯而易見。Facebook 網站上面花樣繁多的新功能，就是針對不同年齡層的用戶的興趣需求精心設計的。客戶的興趣需求清晰了，創業者就可以根據不同的產品和服務，制定出各自市場的行銷組合策略，從而全方位滿足用戶的各種興趣需求，做出更有針對性的、更具有趣味性的產品。另外，樹立「趣味戰略」之後，客戶資訊的回饋會變得比較靈敏，一旦客戶的趣味發生了什麼變化，創業者就可以迅速根據變化的情況，改變原來的行銷組合策略，制定出相應的對策，使行銷組合策略適應客戶不斷變化的需求，從而在激烈的商業競爭中占得先機，保證自己的企業財源不斷。

【青年創業路標】

總之，人們非常需要 Facebook 這樣一個有趣的社交網站，人們更能夠順暢和貼心交流，各種各樣的興趣都能被一一滿足，並且隨時幫助人們解決生活中的難題，這是一個網路服務社會的最好體現。

因此，能夠吸引五億人的原因恐怕不是 Facebook 本身，而是它滿足了人們對於真實交流的渴望以及它帶來的更為有趣的生活。慢慢的，人們對它產生了很強的依賴性，註冊用戶也必將獲得進一步的突破。對於一個僅有六年歷史和 1400 名員工的社交網站來說，這是一個里程碑式的紀錄，也為 Facebook 創造了非凡的財富。創業者在此要謹記：趣味多的地方，財富自然就會隨之而來。

4．世界多變，別奢望尋到鐵飯碗

事實上，社會化網路已經不是一個新概念了，但是，就如同地球的運轉時刻不停，世界的變化發展也是越來越快的，固定不變的東西很容易被拋到歷史的角落裡面發黴，慢慢被遺忘，世界時刻都在變化，別奢望找到一個鐵飯碗然後一勞永逸，順應變化做出改進，才是創業者的王道。

如果祖克柏只是固守著早些年關於社交網路的一些概念和交流方式，那麼，Facebook 永遠都不會有今天的成就，雖然現在的 Facebook 很多組成部分都是其他網站首先進行嘗試的，祖克柏也曾因為 Facebook 剽竊他人的創意而被指控多次，不過，實際上他的網站只是對 40 年前那些創意的繼承。更重要的是，予以完善，發揚光大。

在網際網路建立之初，那些進行網際網路基礎設計的工程師就設想了一種類似於 Facebook 這樣的網站。大約十年後，有些人開始著手創立這樣的線上社區。在萬維網創立很久以前，網際網路的第一項服務——當時被稱為 Usenet 的網站就吸引了大量的非技術類用戶。該網站從 1979 年開始到現在一直都在正常營運，人們在裡面可以向不同主題的群組張貼消息，但是功能簡單，很難滿足現代人的需求。可見社交網路的想法早已成熟，但是將這些有著誘人前景的想法付諸行動，同時又克服了開發過程中的重重阻力、將之完美呈現在世人眼前的，只有祖克柏一個人。

而事實證明，馬克‧祖克柏的確是順應了時代的變遷，沒有像一些頑固不化的前人一樣抱住鐵飯碗，他及時做出了調整和改進，並且加入

自己的創新，做出了史上最好的社交網路。有時候我們自覺做得已經夠好了，看起來已經沒有提升的空間了，事實上並不是這樣，只要用心，我們就可以突破和超越，因為創業的過程更像是逆水行舟，不進則退，死守著自以為牢不可破的金飯碗，不思進取，早晚有一天，會發現金飯碗變成了泥做的，然後被飛速發展的時代大潮一個浪頭打到水底。

例如我們常用的電視機，最早時候是黑白的，後來出現彩色電視機的時候，大家都覺得很了不起了，以為已經是最好的了。但是現在又發展到了寬屏液晶，及數位高清。還比如電話，剛開始時，是一對一的連線，後來發展成攜帶便捷的手機，直到現在功能全面的智慧型手機。其實很多事情都像製造電視機和電話一樣，永遠都有更新的可能性，變化是唯一不變的事情，只要用心，都可以發現這些變化，採取措施，取得先機。

祖克柏就深刻的明白變化與發展的奧秘，靠著自己的努力，實現了自己的價值，也超越了前輩，做到了自己的第一。當年僅 27 歲的祖克柏營運 Facebook 只有 7 年零 4 個月時，Facebook 的全球活躍用戶就已接近 5 億多人，遠遠超越了之前 Google 的訪問量。但祖克柏是一個很有目標和志向的人。他之所以能在社交網路方面做出成績都是源自內心的渴望，更是因為他明白如果他也像前輩那樣固守既得成果，總有一天也會像那些前輩一樣，和他們創辦的產品一樣，被人徹底遺忘。

從 Facebook 擴張的路徑就能看出祖克柏是一個不甘於平庸，積極應對世界變化發展，勇於突破進取的人。正如 Facebook 的千名員工都愛玩的一個名為 RISK 的桌面遊戲，雙方對手在世界版圖上進行較量，分別去占領一個個國家，而又得保證固守住自己的疆土，誰最終能夠占據整個世界誰就是最後的贏家。幾年來，祖克柏帶領 Facebook 前進和擴張的氣勢，不斷打破鐵飯碗尋求更廣闊空間的精神，完美地詮釋了這

個遊戲的精髓。例如他謀劃 Facebook 的擴張戰略，就像玩 RISK 遊戲那樣，Facebook 的步伐大大加快，美國夠大了，但是把美本土當作鐵飯碗不放就錯了，祖克柏知道世界在變化，網路在擴張，所以 Facebook 擴張的腳步也遍佈全球。

祖克柏率領他的團隊不斷打破眾人心中的鐵飯碗，在每個大洲都是成批占領一部分國家，然後再向外擴張，由北美到亞洲，再到歐洲，步步為營，穩紮穩打，由一個學校滲透到另一個學校，繼而是由一個城市延伸到另一個城市，再由一個國家擴張到另一個國家，世界時刻都在變化，而 Facebook 發展到全世界的勢頭卻從未變化，他們沒有固執的堅守美國本土市場這個鐵飯碗，而是目光長遠，把世界逐漸收入囊中。

Facebook 和祖克柏一樣，始終堅持同一個追求，那就是不滿足於現在的成績，不相信鐵飯碗存在，而是始終努力做到更好，時刻不會停歇。所以，憑著這種精益求精的精神，Facebook 在美國之外的擴張也非常成功，其中超過 70% 的流量來自美國以外的市場。所以說，祖克柏的成功不僅僅是創造了一個網際網路模式，而是催生出一個極富增長潛力的新興產業。在全球範圍內，仿效和複製 Facebook 模式的社交網站，猶如雨後春筍，而且成為風險投資最為看好的領域之一。

世界隨時都在變化，創業者要學會審時度勢做出判斷，祖克柏不相信鐵飯碗的存在還體現在他對待 Facebook 上市這一重大選擇上。一般來說，很多創業者都以為一旦能讓自己的公司上市，那麼自己無疑就有了穩賺不賠的鐵飯碗，不必再擔心融資等各種勞心勞神的事情，但是祖克柏不這樣認為，當時 Facebook 的資產估值約為 200 億美元，只要上市，祖克柏就能躋身於全球最富有的 20 人之列。但透過認真研究美國科技行業的發展歷史，祖克柏得出結論：創始人管理公司可以更好的掌控，效果也是最好的。倘若讓職業經理人去管理，在理解創始人想法和具體

執行之間，往往會產生一些阻隔，以致影響公司戰略決策的效率。

　　所以，Facebook 遲遲不上市，祖克柏自有他的考慮，他的目標是建立一個長青而又偉大的公司，保持 Facebook 的實力才是祖克柏眼中的金飯碗，這種對於企業具有長遠眼光的要求絕不是簡簡單單上市就能解決的。對此，Facebook 董事會觀察員、風險投資公司 Greylock 合夥人戴維斯抱著樂觀的態度說：「我剛投資的時候，認為祖克柏是百萬裡挑一，現在我覺得他應該是萬億裡挑一。」網際網路承載了祖克柏的夢想，面對日新月異的資訊時代，他恪守著一個信念：「我無法後退並改變過去，我只能竭盡所能朝前走。」在他看來，只要前進就意味著有突破的可能。

　　祖克柏的團隊這樣評價他：「他是一位殘酷的菁英分子。」Facebook 工程師團隊的安德魯·博斯沃斯在《與組刻薄共事》一文中披露了一個細節，他每次都會以最高標準來審查產品的各方面，從沒見過有人為了要開發一款偉大的產品，而放棄一款優秀的產品，但祖克柏可以。他甚至可以毫不猶豫地放棄一款耗時一年開發的產品。這種對於市場變化敏銳的覺察力和果斷的執行力，是祖克柏在這個瞬息萬變的時代，一直保持著一種居高臨下的姿態，能夠主導自己所在的產業，目前為止，從未淪入被動的局面。

　　支撐祖克柏一路前進，一路超越自己的動力就來自他對網際網路這個變化無窮的神奇行業的熱愛，這也是他自己善於應對變化的關鍵原因。祖克柏的一切努力，都是為了用戶，他要找到用戶的興趣點，並打通這些興趣點，讓用戶之間的聯繫更緊密。這是他自從建立 Facebook 以來一直不變的要求。

　　一個人，不管你從事什麼行業，堅守於什麼崗位，都要保持對事業本身的熱情和敏感，從而對在本領域發生的任何變化都能了然於胸。就像祖克柏一樣，只要一如既往的專注於自己的所愛，一如既往的追求卓越，從不因為任何鮮花掌聲、金錢榮耀停止前進的腳步，就一定會看到成功的希望。

　　成為全球最年輕的第一富豪之後，祖克柏沒有止步不前，更沒有抱住鐵飯碗不放，而是不斷的開拓進取，總是在順應網路時代瞬息萬變的發展趨勢，做出相應的調整和改進。因此，祖克柏的夢想不是單純的繼承發展，也不是對名利的盲目追求，更不是為了讓自己能有一個安身立命的鐵飯碗，他懂得創業成功的保持需要隨著世界變化脈動的改革，所以，祖克柏從來沒有死守鐵飯碗的思想，而是一心關注網路世界的變化，並且為了適應這些變化，克服了無數風雲變幻的險關。

5．面對選擇，千萬衝動不得

　　面對選擇的時候，保持冷靜的頭腦，是對創業者最起碼的要求，也是創業的事業能夠走得長遠的必要保證，一時衝動的選擇，往往會讓多年心血付諸東流。在這個開放的時代，網路工具越來越普遍，隱私問題也就顯得越來越敏感。馬克·祖克柏創建 Facebook 就是為了讓這個世界更加透明。然而，這個願望的實現必將伴隨著隱私問題的產生，面對是絕對保護用戶隱私，還是引導越來越多的用戶習慣分享自己的生活，這個左右為難的選擇，需要祖克柏超凡的冷靜和前瞻性，因為他的一時衝動，可能會給蒸蒸向上的 Facebook 帶來滅頂之災。

　　面對網路時代使用者隱私應當更為開放還是更加保守的選擇，祖克柏有他自己的考慮，雖然他很年輕，但是面對這種事關 Facebook 生死存亡的選擇，祖克柏懂得這不是憑藉一時衝動就能立刻做出決定的。Facebook 一直堅持對其不斷增長的透明度做出的種種承諾，而祖克柏也在關注一個逐漸顯現的問題——誰掌控著你的資訊？ 2009 年中的一次訪談中，回答他對 Facebook 最大心願時，他的回答出奇地長，像是一次主題演講，很具體的闡述了關於如何把握網路時代資訊透明度這個問題，他的選擇是很有遠見的，對這個問題分析得很透徹，乍聽之下可能有些難以理解，但是仔細分析就會發現這絕不是衝動之舉。但是，祖克柏這種目光長遠的選擇卻不見得被現在的用戶接受，所以，兩種選擇之間，出現了矛盾，而祖克柏一如既往的，無論面對什麼質疑都沒有衝動冒進，他做出的判斷顯得極為理智。「世界將會變得越來越透明，這種趨勢會是未來 10 ～ 20 年所有變化的動力。」祖克柏在他的演說中層層

遞進的解釋說：

「假定未來沒有大規模的暴力活動或者其他政治性的分裂和瓦解，但究竟會發生什麼，誰也難料到。你問人們如何看待透明度，人們腦海中的畫面是很負面的———個充滿監視的世界圖景，人們可能會描摹一個反烏托邦的未來，透明度會導致集權還是權力的消解？我確信更大的透明度將是不可避免的趨勢，但是坦白說，我不知道其他部分是（是否我們會不斷受到監視）如何運作的。」

「我給大家描繪兩個場景，和矽谷中的兩間公司有關。當然，實際情況沒這麼極端，但他們代表兩個極端。一面是 Google，主要取得和追蹤已有資訊，他們稱為爬網。他們爬網，取得網路上的資料放入他們自己的系統。他們想打造 Google 地圖，於是派出拍攝車輛，認認真真地去拍你家，然後做出 Google 街景系統。Google 是個偉大的公司。」他猶豫了一下，接著說，「但是，如果照此邏輯，推向極端，就有點可怕了。」

「另一個場景是在我們公司。允許人們分享他們想分享的東西，給他們提供優秀的工具控制如何分享，你可以獲得越來越多的共用資訊，但是想想那些在 Facebook 上不想分享給所有人的內容，是不是？你可不想這樣的資訊被爬網，被索引，比如你和家人的度假照片，你的電話號碼，所有發生在公司局域網裡的事，所有私人簡訊和郵件，所以很大一部分資訊變得越來越透明化了，但是仍然有另一大部分不可以對所有人開放的。」

「這是未來 10—20 年裡最重要的問題之一，如果世界朝著越來越多分享的方向前進，就一定要確保它以一種自下而上的方式發生，而不是集中的方式，人們自行把資訊放在網上，並且自行控制他們的資訊和整個系統的交互，而集中的方式會導致人們被一些監控系統監視，我認為這對未來世界很重要。」他笑了笑，但笑得有點緊張。意識到他的聲

音有點熱情過頭了。「這是我個人最關注的部分。」

從這段演講中可看出，祖克柏對於如何控制用戶隱私的選擇是有他的深思熟慮在裡面的，Facebook 在他領導下做出的一次次改革也是有針對性的，絕不是一時的衝動而為。祖克柏一直在不斷地引導用戶，希望用戶逐漸公開他們在 Facebook 上的資料。後來祖克柏多次宣傳「極端透明度」和「你只有一個身分」的概念，祖克柏極為相信透明化，他認為 Facebook 的使命就是讓社會更加公開。祖克柏的選擇是在網路上建立一個公開透明的「社會」，也就是說鼓勵用戶貢獻和分享更多的資訊。但是 Facebook 的各項公開透明政策，更像是 Facebook 和用戶之間的一場博弈。Facebook 不斷推出新的功能和新的政策來鼓勵使用者貢獻和分享資訊，每當這個功能或政策超出用戶可接受的底線時，它會推出新的隱私控制功能，讓使用者控制自己的資訊流向。

幾年來，Facebook 不斷地小心翼翼的試探著用戶新的底線，雖然提升社會的透明度這一選擇從長遠來看是正確的，但是祖克柏卻沒有操之過急，始終沒有太過衝動，而是保持了一種理智的態度，循序漸進的引導使用者走向資訊透明化。有的創業者躊躇滿志，給自己設定很大的目標，很衝動的去挑戰強勢的競爭對手。結果，三天兩頭失敗，最後沒了自信，做其他事情也放不開手腳了。由此可見，面對選擇的時候千萬衝動不得，務必對眼前的機會說「不」，做自己想做和該做的事，才是最根本的一點。這需要創業者深謀遠慮，在整個市場環境中尋找自己的位置：首先要看清楚自己所處的市場環境。市場大環境，決定企業這個小環境。創業者要看看企業擅長做什麼，能夠做什麼。祖克柏就是知道 Facebook 所擅長的社交網路的經營；然後再瞄準市場大環境，看看市場需要什麼，自己的機會有多大，再透過 Facebook 掌握的平台逐漸讓資訊透明化。把環境看清了，再選擇就更準確了。

　　要像祖克柏一樣避免衝動選擇，就要弄明白眼下消費潮流的走向和市場特點，渴望坦誠交流而又不想自己的隱私外洩是當下網路世界的一大消費潮流，所以祖克柏就在這兩點之間找到平衡做出選擇，而沒有衝動盲目的做出選擇。比如，飲料等一次性消耗品的市場優勢在於，人們前一次的消費幾乎不影響後來的消費，市場時時存在，並隨著收入水準的增長而逐步擴大，該行業的企業不愁沒飯吃。而家電類等耐用品，就比前者呈現市場劣勢，在人口沒有重大增長的相對靜態的條件下，市場容量會日益變小。這也是影響企業戰略決策的一個重要因素。再次，創業者要儘量預測出未來5年所屬行業的發展趨勢。祖克柏在他的主題演講中就全面的闡述了網際網路在未來的發展趨向，從而據此制定了Facebook的發展戰略。

　　創業者避免衝動，就要知道什麼事能做，什麼事不能做；什麼事擅長，什麼事不擅長；什麼事有利，什麼事不利，明確了這些方向後，創業者還要對行業發展趨勢進行預測，一般瞄準未來5年的趨勢。在此基礎上，再進行選擇，企業才能真正發揮自己的優勢，形成競爭力。許多人做事一窩蜂，容易衝動行事，結果盲目地把企業帶上了絕路。面對各種熱潮，面對眼前盈利的誘惑，創業者必須學會冷靜，面對選擇，千萬衝動不得，要冷靜判斷，做自己該做的事。

【青年創業路標】

　　由此足以見得，創業階段，任何一個選擇，都不能衝動而為，祖克柏雖然面對諸多選擇，但是他的每一次選擇都是經過深思熟慮的，從沒有因為一時衝動就做出讓Facebook蒙受損失的決定，這源於他遇事冷靜的性格，還有對於自己所在行業的深刻瞭解和精準預測，這些品質都值得我們創業者學習。

6.優秀的夥伴不如合適的夥伴

有人總以為把最優秀的人聚集在自己旗下就一定勝券在握，卻不知道，最好的，不一定是最合適的。要知道在創業的路上，優秀的夥伴遠不如合適的夥伴能夠助你走得更好，因為，再強大的個人，沒有合適的團隊支持，都只能是曇花一現，不可能走得太遠。祖克柏不僅是個網路奇才，他更是一個聰明的創業者，他明白初期的 Facebook 想要發展壯大，必須積極的拓展更大的市場，這時候，夥伴的協作作用，就顯得尤為重要，但是祖克柏也知道優秀的夥伴遠不如合適的夥伴在一起工作時合作融洽，所以他的團隊中彙集的不一定是網際網路行業的頂級人才，但一定是 Facebook 發展最需要的人才。

Facebook 正式啟動後得到的強烈反響使祖克柏對它的發展充滿了信心。同時，快速發展的 Facebook 有大量問題急需解決，此時祖克柏需要幹練的團隊成員幫助他來處理大量的問題。祖克柏想到一個合適的人選，他就是祖克柏的好友莫斯科維茲。莫斯科維茲是一個典型的合適的夥伴，他為 Facebook 起步時期的順利發展做出了巨大貢獻。在這個時期，莫斯科維茲主要幫助祖克柏弄清楚了各大學校園中學生、教員和校友的電子郵箱是怎麼設置位址的，以便完成設定網站的註冊步驟。另外，他還想辦法獲取課程和宿舍的清單，建立校報的連結，把使用者的個人簡介與提到過這位使用者的校報文章連結起來。這些都是非常耗時間和精力的工作，也因為這些細緻工作的展開為 Facebook 的擴張提供了可能。

隨後，祖克柏創業生涯另一位合適的夥伴出現了，他是祖克柏在艾斯特高中時的另一位同班同學，艾斯特中學的另一位程式設計天才亞當

德安傑羅。德安傑羅在自己位於加州理工學院的宿舍裡，幫助莫斯科維茲編寫添加新學校使用者的程式，又一位合適的夥伴的出現，為祖克柏帶來了及時雨，極大地幫助了 Facebook 的發展。與此同時，合適的夥伴的作用再次凸顯，祖克柏的一些朋友們還利用學生會的郵件系統向所有學生群發郵件。只用了一晚上的時間，某個學院 4000 名本科生中就有 1700 位成為用戶。這所大學的學生對 Facebook 如此迅速地認同讓祖克柏興奮不已，也讓他信心大增。這些夥伴或許不如活躍在各大網路公司的菁英人士那麼優秀，但是，這些人絕對是最適合祖克柏的夥伴，他們所在的職位、他們手中掌握的資源，都在關鍵時刻幫助祖克柏和他的 Facebook 度過了瓶頸階段，順利的邁上了下一個台階。

在接受達特茅斯學院的校報《達特茅斯報》採訪時，祖克柏說：「大家真的登錄了網站，這讓我很感動。」他還說，「我很關心用戶的感受，還有他們認為怎樣利用這個網站的服務來適合自己的需要，這種感覺好極了。」很快，祖克柏在史丹佛也同樣得到了合適的夥伴的幫助，那裡有一位他在杜伯斯時的好友。這位兒時的朋友給了他進入史丹佛局域網的密碼，以及學生郵箱位址和宿舍的清單。Facebook 克服了障礙，開始在常春藤馳騁開來。這是祖克柏懂得發揮合適的夥伴作用的巨大收穫，也是他用心堅持的結果，夥伴的力量成就了 Facebook 備受歡迎的必然趨勢。

雖然 Facebook 開拓市場的勢頭迅猛，但此時祖克柏的夥伴們都提醒他要冷靜，現在更重要的不是激發用戶興趣，而是能抵制住熱捧的誘惑，保持清醒的頭腦和服務的熱情。在合作夥伴有力的幫助下，Facebook 的註冊用戶迅速增長，實現了一次新的突破。隨著 Facebook 的不斷發展，建立跨校的校際連結勢在必行。因此，祖克柏與莫斯科維茲決定讓這類連結在當事人雙方共同協定的基礎上形成。這不僅成為了

Facebook 擊敗對手的法寶，也成為 Facebook 創立連結的範本，並一直沿用至今。祖克柏領導的 Facebook 也由此累積了一個良好的人際關係群，其中充滿了適合這個團隊的夥伴，這些人並不全都是最優秀頂尖的人才，但是他們是對Facebook發展最有幫助的人，是祖克柏最合適的夥伴，而且其中的一些人在日後 Facebook 的發展中漸漸成長為網路菁英，成為祖克柏離不開的左膀右臂。

創業要想成功，僅僅憑藉一己之力肯定是很難達成的，任何時候團隊的力量都大於個人的力量，而組建一個優秀的團隊卻不一定要把最優秀的人才囊括其中，關鍵是要找到合適的人才，要找到這些適合你的合作夥伴，有以下幾點建議供參考：

（1）堅持「共用共榮」。

要找到合適的合作夥伴，一定要讓對方分享利益，擁有必要的處置權。如果自己對利益看得過重，自然不容易贏得真心合作。祖克柏在和當年的同學合作的時候，一旦把一個項目交給同學，就對同學們的任何決定都保持著充分的尊重，沒有任何異議，在後來組建公司之後也是一樣，在報酬方面，對於合適的合作夥伴，祖克柏絕對是待人不薄的。此外，在商業合作中，也要注意這一點。在現實的商業世界裡，許多公司之間的聯合只是一種表面形式，在利益上沒有達到「共用共榮」，結果合作的基礎並不穩固，一旦被競爭對手找到空隙，與合夥人的關係很容易破裂，導致合作失敗。因此，商業合作必須有三大前提，一是雙方必須有可以合作的意願；二是必須有可以合作的利益；三是雙方必須有共用共榮的打算。此三者缺一不可。

（2）志同道合，能力互補。

祖克柏的搭檔特徵是：志同道合、能力互補、風格差異、相互熟悉。祖克柏的搭檔有著共同的價值觀或者興趣及使命：用網路與電腦改變世

界。這讓他們能夠真正聚在一起，為一個共同的目標奮鬥，從中分享利益，以及應有的成就感。具體來說，祖克柏和他的夥伴之間能力互補，莫斯科維茲擅長技術，可以決斷，並可以細緻管理。而祖克柏擅長社交網路與激勵管理，並擅長戰略結構管理。行為風格差異但相互尊重與珍惜，大家合作成功的可能性大大增加。

（3）既要互惠互利，更要共度難關。

做生意堅持「互惠」的原則，才能形成合作的關係，實現「互利」的目標，當 Facebook 事業如日中天的時候，祖克柏對於當年的夥伴們都是很慷慨的，給予他們很多公司的股份，讓當初共同合作的熱情沒有絲毫減退。反之，如果有人破壞這一原則，就容易產生隔閡，危害到彼此的利益。因此，在選擇合作夥伴的時候，要積極主動向對方敞開大門，這樣不但可以吸收對方的強項，也有利於發揮自己的優勢，從而達到互通有無、融合共生的目標。尤其是雙方在合作上產生分歧的時候，更要相互理解，建立化解分歧的機制，從而在爭論中完成協作。至於公司遇到危機，雙方更應該共度難關，傾盡全力找到轉危為安的良策，避免同床異夢。

想贏得更多合適的合作夥伴，把生意做大，你必須老實做人，善於在合作中吃虧。說來也奇怪，人越老實，客戶越喜歡跟你做生意，合適的夥伴也會紛紛聚來。在小的地方吃虧，才能在大的地方獲利。在大規模的商業競爭中，最成功的做法是與合適的朋友合作，即使對方有利可圖，又能在合作中壯大自己。也就是說，在合作中，要時刻注意對方的利益，並說服對方跟自己合作有錢賺。合作夥伴有了足夠的回報空間，自然樂於和你做買賣。

【青年創業路標】

找到合適的夥伴共同前進才是明智之舉。Facebook 的成功推廣是祖克柏及時找到合適夥伴的成果，此舉意義重大，在對哈佛校園產生一定影響力後，祖克柏借助夥伴的力量將它推廣到各個學校，以達到對市場更大範圍的占有。如果僅憑藉祖克柏一個人的力量，那麼 Facebook 只能夠局限在哈佛校園裡，網路社交就不會流行開來，也不會對世界產生如此巨大的影響，我們也就不會熟知馬克·祖克柏的名字。

在一種新勢力推廣的過程中，勢必會遇到諸多困難與阻礙，如果就此停止不前，將會斷送了一個燦爛的明天，而如果找到最合適的夥伴組成屬於自己的團隊，依靠整個團隊的力量，想盡辦法化解困難，堅持下去，則會讓成果被需要它的人所喜愛，沿著時代的軌跡發展下去。

7 · 向「錢」看時，別忘了向「前」看

　　人要進步，思想應先行，向錢看永遠沒有向前看重要。想要成為時代的佼佼者，思想觀念就需要不斷更新。為了適應日新月異的社會，首先在思想上對變化要有充分的準備。新的生活潮流如長江之水後浪推前浪，滔滔不絕。如果用遲鈍、保守的眼光看待和對待今天的生活，就勢必會被不斷向前的生活新潮流遠遠拋在後面，從而成為一個「不識時務」或「不合時宜」的人；如果只知道時刻掂量自己手中金錢的重量，全然不顧窗外花開花落，季節更迭，那麼，這些忘記了向前看的人，注定要連帶著他發黴的金幣被留在昨天了。

　　祖克柏靠 Facebook 網站獲得了巨額財富後，一直保持著積極進取的精神，而且始終目光長遠，他把幾乎全部精力集中在 Facebook 的發展上面，時刻保持著一種向前看的精神，而對於金錢，他表現出來的漠視近乎病態。他生活簡樸，完全看不出這是一個在富比士排行榜上坐擁 69 億美元身價的富豪。曾經與他合作過的夥伴泰勒說：「祖克柏是我見過最儉樸的富人。」例如祖克柏在 Facebook 的個人主頁上列出了他的興趣愛好，其中有一條非常特別：「消除欲望」。祖克柏說：「我只想集中關注我們正在做的事情，因此我把這個詞放入我的個人資料，那便是我如今關注的事。我想這也許與佛教相關，對於我來說，錢只是發展事業的工具。我認為自己很容易被其他事物分心，並且這樣的分心沒有任何意義。」

　　祖克柏的精力更多的是放在制定 Facebook 未來的發展戰略上面，雖然人人都知道辦企業就是為了盈利，就是為了讓所有者賺進更多的金

錢，但是祖克柏一直認為 Facebook 的存在意義絕不是一個牟利工具那麼簡單，對於 Facebook 未來的發展走向他早有自己的規劃，而且將來許多年的發展都在他胸中悄然成形。而且他自己對於金錢和物質享受也沒有過多的追求。和當年的比爾·蓋茲不同的是，祖克柏幾乎不帶隨從。他總是以簡單的連帽衫，鬆垮的牛仔褲，外加一雙愛迪達鞋的裝扮亮相，完全沒有商人的銅臭味。但是他的 Facebook 卻和他的一成不變大不相同，這個神奇的網路社交平台，總是保持著一種向前看的精神，幾乎時刻處於一種完善功能的進取狀態，沒有停歇，總是走在行業的最前沿。這是一個把所有目光都放在如何推進自己企業如何向前發展的創業者，而絕不是一個把金錢看在眼裡、穿在身上的平庸者。

向前看而不是向錢看的做事風格，從他對於住所的選擇的就可以很清晰的看出來。他選擇了一間租來的一房一廳的小公寓，睡覺的床上也只有一張簡單的床墊而已。祖克柏之所以選擇這樣的住處，除了由於他天性簡樸之外，還因為他的住所位於帕羅奧多市的 College Terrace 社區，離 Facebook 總部和史丹佛大學很近。他關注的永遠都是讓公司向前發展，所以只想住在距離公司較近的地方，這樣不僅可以每天走路上下班，而且還便於他的工作。祖克柏說：「我的助理在公司旁邊幫我找了新公寓，我根本沒有看過那個地方，只要能走路回家睡覺，再走路到公司上班就行。」面臨任何選擇的時候，對他而言影響取捨的決定因素，都是 Facebook 的發展，而不是金錢與享受。祖克柏年輕但是擁有超過他年齡的智慧，在「前途」與「錢途」之間，他是一個保持清醒的頭腦沒有選錯路的成功創業者，他時刻向前看的精神確保 Facebook 的長盛不衰。

Facebook 的成功說明了什麼？遠見！一定要有遠見！今天的成功，是由於 5 年前的決定促成的，如果希望自己未來的 5 年能夠取得大的成

就，那麼，現在就要有向前看的長遠眼光，做好未來5年的發展戰略，祖克柏告訴人們，網路也是一個市場，在那兒有著各種各樣別出心裁的想法和數不清的金錢誘惑，你必須非常地小心，不要讓這些「向錢看」想法改變你的思維，你必須明白什麼才將會變得流行起來，並堅持做下去。通常在5年前就要做出選擇，5年後才會變成現實。這就是微軟的最大挑戰。

香港首富李嘉誠說：「我的成功之道是：肯用心思去思考未來，當然成功機率較失敗的多，且能抓到重大趨勢，賺得巨利，便成大贏家。」泰國富豪謝國民也提到：「我每天的工作中，有95%是為了未來5年、10年、20年做預先計畫。換句話說，是為未來而工作。至於那些已經試辦並有成就的事業，我會少插手，最多只管5%的事務。」要做到向前看，就要規劃好未來，這個未來應該有多長、多久呢？如何把握這個時間段的距離，進而做出正確的戰略部署？

【青年創業路標】

向錢看固然是很多創業者的動力之一，但是如果忘記了向前看，那麼事業便會很快停滯不前，自然也就斷了財源，所以明智的創業者是不會做這種捨本逐末的蠢事的。祖克柏用他獲得巨額財富後仍然孜孜不倦的追求，演繹著他輝煌燦爛的創業神話。他不僅在網際網路上是一位傑出的天才青年，在權衡「錢途」與「前途」的利害關係上，也產生著導向的作用，這是他值得嘉獎和創業者們學習的地方。

facebook

Share 3——堅持不做大多數

只有獨特的事物，才是無可取代的。喜歡穿著 T 恤、牛仔褲和
球鞋，一頭棕色卷髮、一咧嘴就在一張娃娃臉上露出一對虎牙
的 27 歲年輕人——祖克柏，用自己的獨特方式生活著，也用
自己獨特的思維和方法改變了全世界人的交友方式。

1.鶴立雞群，堅決不做大多數

一項調查表明，1970 年名列《財富》雜誌「500 家大公司」排行榜的公司，已有 1/3 銷聲匿跡了；在我國，每一秒鐘就有 10 家公司破產。不善於標新立異，不能以鶴立雞群之勢俯視同行業、不適應外部環境的變化迅速做出調整，沒有進行優化創新，而是泯然眾人，成為毫無特點的大多數，是這些公司失敗的根本原因。真理永遠都掌握在極少數人手中，創業也是這樣，做一個特立獨行的創業者，標新立異往往會獲得常人難以發現的機會，而毫無特點的大多數，注定與異軍突起這樣的字眼無緣。

馬克·祖克柏似乎天生有就有一種不甘於泯然眾人的覺悟，小到他的衣著，大到他的 Facebook，無不透出一種標新立異、特立獨行的品格。很為眾人津津樂道的一點特別之處，是他的名片，打過交道的人都知道他有張個性的名片，上面寫著：「我是 CEO，混蛋！」這張名片，給人們留下了深刻的印象，也使得更多視線投放在這個 28 歲的首席執行長身上。起初，人們對祖克柏的用意並不理解。如 Facebook 早期職員安德魯·博斯沃思對此就不以為然，他說：「我認為，他是和朋友開玩笑，以說明他在我們行業裡的重要性。」

這張個性名片雖然令人匪夷所思，但是正是他用標新立異的方式宣傳自己，用這種與眾不同的方式，讓人們一接觸到他就注意到他是一個善於標新立異的創業者。班·梅里奇出版過一本叫做《億萬富翁暴發戶》的書，這本書並且被改編為奧斯卡獎獲獎影片《社群網戰》。大衛·柯克派翠克在此基礎上撰寫的《Facebook 的影響》一書，也對該片進行了

描述。書中有這樣一段：「當 Facebook 職員們開始與真正的商業專業人員打交道時，標新立異超出常規的名聲傳遍了矽谷。一位企業高層對獵頭公司人員稱『出現了《蒼蠅王》裡的情景』。祖克柏在舉行會議時遞交名片不得不小心。他有兩套名片，一套寫著『CEO』，另一套則寫著『我是 CEO，混蛋！』」。不是文質彬彬的一張普通名片，而是這樣讓人記憶深刻的一張獨特的名片，祖克柏就是要這樣標新立異，堅決不做大多數。

「我是 CEO，混蛋！」這句醒目而獨特的話，引來了眾多猜想。那麼，祖克柏為什麼要使用這樣一種名片呢？在 2005 至 2006 年間擔任 Facebook 設計師的布萊恩·維羅梭，也是這張名片的設計者，道出了帶有啟發性的答案。原來，這張名片的靈感來自蘋果 CEO 史蒂夫·賈伯斯。祖克柏一向很敬仰史蒂夫·賈伯斯。祖克柏也經常被拿來跟比爾蓋茲、賈伯斯這些 IT 界的傳奇人物做對比，祖克柏不喜歡被說成是「誰誰誰第二」，但是他喜歡這些獨特的成功人士的辦事風格，並在行事中有意無意希望自己也成為那樣不會泯然眾人的人。

28 歲的祖克柏是很有創造力和執行力，他在熟知社交網路的各種規則之後，標新立異建立起實名制的 Facebook，這是一個偉大的創舉，讓他年紀輕輕就擁有一家屬於自己的大型企業。而且，眾人對他這種標新立異的成功很是關注，並且深信他這種不做大多數的經營理念會在日後贏得更大的成功，在蘋果公司的傳奇總裁賈伯斯辭職後，美國的一家 IT 網站列舉了科技行業數位有望成為下一個史蒂夫·賈伯斯的企業家，Facebook 的 CEO 祖克柏就榜上有名。

祖克柏是一個典型的標新立異的 80 後創業者，他致力於不讓自己成為大多數，也就讓人捉摸不透。他的動機不明，他的心思似乎永遠躲藏在密不透風的語言背後，他的想法和科技業漫步「雲端」的未來一樣

令人捉摸不透。用祖克柏自己的話來說就是「我想做的東西可以不值錢，但是它必須『與眾不同』。」2005 年底的一天，祖克柏跟公司僅有的兩位設計師以經典的「賈伯斯式」的「積極」風格開會。在這次會議中，祖克柏第一次說出了「我是 CEO，混蛋！」的構想。或許他認為語言是思想的一種表達，這樣標新立異的語言風格才能體現他在 Facebook 發展方面不做大多數的堅定決心。

祖克柏獨有的標新立異的個性決定了祖克柏所做的任何事情都帶有挑戰性和創新性，就像他起初會選擇「網際網路」這一特別的事物一樣。祖克柏當初選擇開創 Facebook 就是認為這將是件很與眾不同的事情，是很少有人能做到的新奇的事情，能夠充分顯示出自己的才情，並且用一種與之前迥然不同的方式，讓人們用這種新鮮的方式聯絡交流，這是一種多麼獨特的氣場啊。所以，最初年輕的祖克柏沒有打算做生意，也不懂得如何做生意，更沒幻想過自己會成為一個大企業的首席執行長。他只是憑藉頭腦中的「標新立異」，租下了月租 85 美元的公寓，並對自己認為很獨特的職業進行了鑽研和突破，最終才一舉成名。

要想標新立異不做大多數，就要善於抓住新資訊的特點。標新立異的「新」即「新奇、新鮮、新穎」。這些新鮮的想法就是突破了習慣性思維的新思路，不同凡響的新創意，革命性的新舉措等等。新的創意並非俯拾皆是，往往還有有一個「少」的特點。不僅出現的時機少，而且創意資訊所表達的事物客觀情況也稀少。當然，少不等於無，只要認真去尋找，總是可以發現的。同時，要想堅決不做大多數，還要能善於捕捉剛產生的資訊。標新立異的想法往往產生在新事物萌芽之時。新事物剛萌芽，不易察覺，這就要進行認真的觀察和分析。「小荷才露尖尖角，早有蜻蜓立上頭。」創業者應該把握時機，及時捕捉到剛剛露出而又大有發展前途的「尖尖角」。比如祖克柏創立 Facebook 就是抓住了社交網

路悄然崛起這樣一個新資訊,然後標新立異做起了 Facebook,而後他印製獨特名片、發表新穎的功能都是對最初這種標新立異想法的一種繼承和發揚。

追求標新立異、特立獨行的個性是祖克柏取得成功不可忽視的重要因素。追求新奇的個性能夠極大地激發年輕人的積極性和挑戰性。正是這種追求才讓他們創造出了有創意、有價值的新事物,也才有了類似於「我是 CEO,混蛋!」這樣獨特的名片或是理念。可以這樣說,標新立異和個性代表的不是叛逆,更不是年少無知,而是一種開發的資本。只有追求創新與個性的人才能夠用非常規的辦法引得別人注意,才能用自己獨特的方法,讓不利於自己的形勢變得利己,並在與同行業齊頭並進的時候,想出標新立異的新想法,讓自己的企業超人一步,取得非凡的成就。

【青年創業路標】

但凡成大事者,似乎都有與眾不同之特質,而他們最大的特點就是:敢以與眾不同之法做與眾不同之事。祖克柏用「我是 CEO,混蛋!」這樣引人耳目的名片來讓合作夥伴認識自己,這對他來說無疑是一種很好的展示和推銷。他經營網站的方式很有特色,行銷方式也富有特點,這都是 Facebook 在眾多社交網站中異軍突起的重要因素。

年輕人要想開創出自己的一番事業,都需要用一些標新立異的方式去打開突破性的道路。只有讓人看到自己的與眾不同之處,才會迎來更多目光,更多機會;才有可能在面對同樣困境的時候,另闢蹊徑想出對策,帶領自己的團隊突出重圍,取得進一步的成績。

2．以小見大，小公司同樣能做成大生意

如果說要做成大生意一定要大公司的話，那麼，祖克柏用他獨有的經營手段否定了這個定律，在他的管理下，Facebook 依舊保持著小公司的優勢：團隊極具凝聚力，運作簡單而有效率，不必像很多尾大不掉的公司一樣看華爾街的臉色行事，祖克柏用他的方式，讓 Facebook 公司沿著小而精的方向順利發展，誰說公司一定要做大並且上市募集資金？祖克柏告訴年輕的創業者們，小有小的好處，小公司同樣能做成大生意。

事實上，Facebook 上市成為大公司是很多人的願望。尤其是那些熱衷於投資的人們都熱切盼望 Facebook 首次公開發行股票的那一天，他們將會像少女追星般搶購 Facebook 股票。對於上市的問題，聯想集團柳傳志曾說：「在矽谷，每年都會有幾百家企業掛牌上市，或者股票飆升，同時也有幾百家企業垮下來。因為他們都是完全靠產品本身來決定企業的情況，產品好了就上去，產品被別人超過了就下來。」基於此，祖克柏這位成熟創業者對於上市也非常謹慎。他不急於上市，其實也有自己的考慮，他知道 Facebook 保持現有規模有很多好處，小公司的營運模式可以有效的避免大公司尾大不掉的弊端。他說：「我們最終會上市，因為這是我們對投資者和員工的承諾。」但他隨後補充道：「我們肯定不急於上市。」

讓自己的事業越來越大，讓公司規模越來越大幾乎是每個企業的夢想，但是祖克柏為何遲遲不採取行動呢？這還要從祖克柏對於網路的設想說起。在 Facebook 成立的早期，祖克柏曾請一位畫家畫了一幅壁畫，畫中體現的是喚起孩子們用筆記型電腦接管世界的意識，祖克柏更是心

潮澎湃。於是，在會議結束的時候，他向空中揮舞拳頭，帶著員工們高呼「統治」。從此就奠定了他一定要讓 Facebook 發展下去，成為網際網路行業主導的信心。可見他的目標不是上市後大量募資，而是要以小見大，將 Facebook 作為一個實現其宏偉夢想的平台。

因此，對於自己花盡心思培育起來的 Facebook，祖克柏自然會想要一直擁有對它的控制權。他很喜歡 Facebook 既享有私有性和控制權，又沒有華爾街、季度財報和每日股價水準的約束。由於是私人性質的小公司，他可以保持自己的專注度，繼續按照自己的意願打造史上最大的社交網路。祖克柏對於上市有著比較前衛的看法。他與其他成功上市的前輩不同，他無需巨額現金來興建工廠、鋪設全球分銷系統，甚至連大規模行銷機制的建立都無需投入真金白銀。「如果你不需要資本，那麼你肩上的壓力就會完全不一樣了，上市的目的也會不一樣。」祖克柏這樣認為。

可見，祖克柏不是漠不關心，而是計畫以小見大，並且早已為 Facebook 的發展精心打算好了。他不願讓自己團隊的這項獨特創造被眾多的投資者「瓜分」，更不想讓它受到上市後許多不利因素的影響和束縛。因此，祖克柏並不是忙於讓 Facebook 上市的計畫，而是經常與英特爾 CEO 保羅．歐德寧和甲骨文總裁查爾斯·菲利普這樣的業界高層會面，認真學習如何營運獨立公司。與此同時，祖克柏還建立了一套雙級投票制度，使之較少地暴露於公共股東的視線之內。當員工們開始渴望獲得豐厚的回報時，他還為他們設計了一套不必透過首次公開募股（IPO）卻依舊可以借助 Facebook 股票獲利的方法，例如逐步增加私有股票交易量有助於緩解投資者和員工對 IPO 的要求。他的目的只有一個，就是延緩 Facebook 因為上市而造成的弊端出現。

一旦上市，Facebook 變成一個名符其實的大公司，就會失去充分的

私密性和控制力，而且要受制於華爾街以及每個季度的財報和公開市場每日的股價波動。一旦成為一家大公司，祖克柏就不能繼續集中精力創建人類歷史上最大的社交網路，也不能繼續追求自己的夢想。所以，儘管投資者認為Facebook的上市將預示著矽谷IPO市場的復甦，但祖克柏已經明確表示不會按照他人的意願行事。祖克柏極力擁護著Facebook的健康成長，保護著自己的作品，這也意味著他要接受一種潛在的挑戰：平衡公共所有權與他個人對創新和財務控制權之間的關係。

在讓公司上市、把小公司變成大公司之前，一定要想好為什麼要這樣做，這樣才不會迷茫，也才能避免落入上市的「泥潭」。事後控制不如事中控制，事中控制不如事前控制，可惜大多數的事業經營者均未能體會到這一點，等到錯誤的決策造成了損失時才去想要彌補，才花費大代價去尋求「空降兵」的援助，但結果往往是於事無補。不只是在企業經營中，在普通的生活當中，我們也要像祖克柏一樣，在事前多發揮自己的眼力和能力，以力避可能出現的危機。

祖克柏對於Facebook變成大公司後的情形看得很透徹。對於Facebook而言，公司可以自由行事的奢侈可能是必須要犧牲的東西之一。他擔心員工們不是把眼光放在長遠的目標上，而是把注意力集中到那一紙聲明所帶來的名譽上。對此，祖克柏說：「很多公司可能會迫於公司壓力而偏離原定路線，我不知道五年後我們會生產什麼，甚至不知道三年後我們會生產什麼。」因此，祖克柏一直用各種方式來迴避著公司上市的步伐，同時有意識放過了好幾次獲得巨大收益的機會，其中包括2006年雅虎提議用10億美元收購Facebook，微軟提出用80億美元甚至更多收購公司的初步意向。

把自己的公司做成大公司，是很多中國企業家、創業者的夢想。但是，很多人都忘記以小見大的好處，大而不強是虛胖，虛胖的企業難以

做強、做久。中國已有太多迅速膨脹，然後又迅速崩潰的例子，從早期的「三株」、「巨人」、「亞細亞」，到現在的「科利華」，大而不強虛胖的大公司在中國多不勝數，即使很多尚處於領先地位的大公司，如果仔細琢磨，根基也是非常薄弱的。所以，隨意做成大公司而根基不牢的企業是建立在沙漠上的高樓大廈，終將傾覆。

以小見大，小公司同樣能夠做成大生意，這是被無數商業實踐反覆證明的一個真理。小而精是基礎，強是目的，沒有小做不了，做大的最終目的也是為了做大生意。因此，在新的競爭形勢下，無論是初步創業的公司，還是已有一定規模的成熟創業公司，或是準備併購、組合、上市的公司菁英，都必須懂得以小見大，以強為主，制定以小見大的長期發展戰略。從企業發展的角度講，公司實力才是根本，大公司不過是形式。只有懂得以小見大的企業才會真正做大。Facebook 雖然只有百人創業團隊，但是絲毫不影響它取得用戶量過億這樣很多大公司都難以企及的成績。小公司有很多大公司得不到的優勢，因為大公司的擴張要受很多條件限制，比如公司人文環境、整體辦公環境、公司整體規模、各個子公司經濟情況，以及行業本身等因素的限制，但是小公司就相對靈活很多，一個以小見大的企業，必然會逐步發展到一個比較合適的規模。這個規模可能很大，也可能不大，因為最合適的規模是由企業所在的行業性所決定的。

馬克·祖克柏在有機會借助上市擴大公司規模，成為一名全球年輕人中的首富時，他選擇了保持公司現有規模，以小見大，將這個實現的機會延後。因為他還有夢想，他鍾愛自己開創的 Facebook，他堅信即使不借助上市的力量，不把自己的公司變成一個龐然大物，以目前的小公司、小商品的模式，依然可以取得成功，甚至是更大的成功。執著的祖克柏，試圖用以小見大方式換得 Facebook 公司上市的最終命運，他的不

走尋常路也證明著小公司同樣可以做成大生意。

【青年創業路標】

　　一個創業者，無論處於什麼境況下，都要明白自己的追求。倘若在行進的路上偏離了自己追求的方向，那麼結果也不是自己想要的。祖克柏認清了自己需要的東西，並且目標非常明確，他沒有想著盲目的做大，而是保持著 Facebook 現有的這種靈活的小公司獨有的營運模式，以小見大大獲成功，這是一位傑出領導者需要具備的特質。祖克柏不斷追求卓越，為了心中所想不斷嘗試，不斷爭取，這是一位勇敢的創業者需要掌握的本領。

3 · 把與眾不同練就成一種本能

　　傑出的領導者都有一些與眾不同的特質，但是仔細分析就會發現，而在馬克·祖克柏身上，這些與眾不同幾乎慢慢進化為他的一種本能，作為一位年輕的 CEO 有一些自己的獨特之處，出奇的嚴格和對於優質產品近乎病態的追求。Facebook 工程總監安德魯·博斯沃斯曾評價他說：「他不是一個性情中人，而是一位殘酷的菁英分子。」

　　正是「苛刻追求卓越」這個特性成就了祖克柏的事業。因為作為一個創業者，需要與眾不同的獨斷，只有這樣才能夠在團隊管理中樹立威信，但是凡事適度永遠都是最好的，有時候祖克柏過於嚴格的要求，的確讓他的同事們有些吃不消，而年輕的祖克柏正在改進，讓自己與眾不同的管理方式成為具有優勢的本能，而不是一種讓人厭惡的壞脾氣。

　　祖克柏能夠成為網際網路造就的新一代領袖企業家，與他與眾不同的個性是分不開的。同事們說他身上充滿了不同於普通人的領袖氣質和競爭精神，即使在一些小事情上也能夠顯示出他的這種個性。有一次，祖克柏與一位工程師打賭，祖克柏說自己可以一週完成 5000 個伏地挺身，並且開出了賠率 30：1 的賭約。幾乎所有的人都對他的勝出表示懷疑。但是，對自己要求嚴格的祖克柏卻暗自發誓一定要實現這一挑戰。於是，從賭約說出的那天起，祖克柏就每天定時做 10 到 15 個伏地挺身，哪怕是與人會面時也不曾間斷。透過持久地鍛鍊和嚴格的執行，他奇蹟般地贏得了這場賭約。

　　祖克柏的與眾不同真的成為他的一種本能，他甚至從不和同事們一起參加 Party，把自己全部的注意力都放在網站的發展上，與眾不同的

他很喜歡挑戰，喜歡衝擊極限。在每次高難度的挑戰中他都高度自律，精力集中。祖克柏的特立獨行也體現在他辦公的環境中。走進 Facebook 那幢野獸派建築風格的辦公大樓，隨處可見的是塗鴉的「駭客」字樣。Facebook 的辦公室大量採用藍、白兩色，似乎是「一個大學學生宿舍的延續」。這種環境似乎更容易激發祖克柏的靈感，提高他的工作效率。祖克柏以及所有企業高層都在這裡辦公。

Facebook 總公司的整體設計風格也充分顯示了祖克柏的與眾不同，那裡面沒有一間獨立的辦公室，整個辦公區都是開放式的，沒有隔間，唯一一個封閉區域，是會議室——「水族館」，名字源自這裡三面都是透明玻璃，而房間又位於辦公區域中央，每位員工坐在自己的座位上，一抬頭就能清楚地看到會議室裡面的狀況，這是祖克柏別具匠心的巧妙安排。因為，這裡雖然沒有奢華的裝潢，沒有講究的分區，但這樣的工作空間往往能最大程度地讓員工進入工作。

透過祖克柏極具個人特色的管理，Facebook 變得更加有活力和戰鬥力了，這個殘酷的菁英分子也開始變得成熟和理性，但是與眾不同似乎已經進化為他的一種本能。他雖然開始聽取他人的意見，但是同時依舊有自己的主見，因為與眾不同早已是他的本能。但是，在堅守自己個性的同時，他慢慢學會怎麼和他人一起更有成效的工作了。美國經濟學家，諾貝獎得主布坎南說：「對21世紀的商人而言，頭腦是最大的資本，因為，做對的事情遠比把事情做對更重要。」優秀的創業者，並不是貿然前進的人，而是有著敏銳的眼光，善於因勢利導，面對不同的時機和境況而採取與眾不同策略的人。

（1）培養與眾不同的思維方式。

著名成功學專家拿破崙·希爾認為：「如果你想變富，你需要思考，獨立思考而不是盲從他人。富人最大的一項資產就是他們的思考方式與

別人不同。」祖克柏今日成功的最大原因可能就是他那顆與眾不同的思維頭腦，當初有一個幫助他做 Facemash 的校友見他被校方處分，便斷定離開他才能發展得更好，後來的事實證明，這樣大眾化的想法付出了多麼慘重的代價。一個創業者要想制定優秀的發展戰略，一定要多進行與眾不同的思考，思路是唯一的出路，要把與眾不同變為自己的本能並且不斷淘汰自己，否則競爭將淘汰我們。

（2）透過拓展知識的廣度讓自己的思維變得與眾不同。

擁有各方面的豐富知識，是創業者的基本素質，是形成與眾不同的本能的必要前提，是在經營中制勝的根本保證。因為擁有豐富的學識，視野就變得十分廣闊，而有一個廣闊的視野對決策者形成與眾不同的正確判斷、制定獨特新穎的戰略，作用實在太大了。

（3）關注世界最新技術的發展。

一個公司要想保持事業長盛不衰，在戰略上更勝一籌，就必須瞭解技術方面的發展，並且隨時進行自我更新。因為落伍的人連跟上時代的腳步都很困難，更談不上制定出與眾不同的發展計畫了，所以要時刻關注什麼技術又進步了，什麼技術又領先了，世面上又有什麼新產品了，這些都是創業者要將與眾不同化為本能應該關注的焦點。

【青年創業路標】

作為一個成功的創業者，馬克·祖克柏之所以把與眾不同發展成為自己的本能，都是為了讓 Facebook 在網際網路行業中成為行業中的佼佼者。年輕的祖克柏雖然因為殘酷與獨斷遭受過打擊，但是他懂得反省和調整，最終使得自己的與眾不同變成一種有利於企業發展的本能。與眾不同的本能，是在茫茫人海中脫穎而出的資本，也是讓企業在商業大海中屹立不倒的秘訣。

4 · 善於發掘行業潛力股

做大生意，創業者首先要重視人，必須能識人、會用人，善於開發行業潛力股、隨之帶出一支優秀隊伍。不善於發掘潛力股的情形有多可怕？沒有合適的人才可用，會造成人員的欠缺，影響工作的進行，相當可怕；而發掘到的人沒有潛力，把工作的過程弄錯，結果一團糟，甚至留下一大堆後遺症，更加可怕。優秀的創業者不在於自己多麼能幹，而在於是否有統領之術、支配之法，出神入化地發掘行業潛力股，合理使用人才，創造出一流的業績。

祖克柏在 Facebook 的發展過程中，越來越明白人才是任何公司想要發展壯大，順利運行的保障，這樣的員工從投資的角度來看，是百分百的潛力股，把他們放在合適的工作崗位上，他們會用超乎想像的完美成績證明自己的價值。在這些對公司很有貢獻的員工中，有一位不得不提的優秀人才，可以說，她是祖克柏一見傾心的朋友，是事業上的黃金搭檔，是祖克柏公開承認的求教對象，是這個年輕的領導者發掘到的最有價值的潛力股。她以其聰明睿智贏得了所有人的稱讚，她就是祖克柏在事業上最離不開的人——謝麗爾．桑德伯格。

桑德伯格這支潛力股是祖克柏是在 2007 年的一個耶誕節派對上發掘到的。雖然是初次見面，但是兩個人彷彿是一對老朋友，情不自禁地交流起自己的想法。年輕的祖克柏性格內向，一向不善於交際；而 41 歲的桑德伯格正好相反：優雅、漂亮、非常健談，而且面對媒體鎮定自如，這些品質都是祖克柏急需的，可是說桑德伯格是一支名符其實的優質潛力股。祖克柏和桑德伯格二人迥異的性格，恰恰成為了他們結為黃

金搭檔的原因。因為這使得兩人在性格上有很強的互補性。後來，兩個人每週都要見好幾次，兩人之間的信任與日俱增，談論的話題也越來越深入，而且為了保持談話的私密性，兩人的聚會通常選擇在桑德伯格的家裡。

桑德伯格之所以被稱為潛力股是因為她既有精準的知識，又有豐富的工作經驗。與祖克柏在哈佛輟學的經歷不同，桑德伯格順利取得了哈佛大學經濟學學士學位和工商管理碩士學位，並且作為谷歌的資深員工，發揮過重大作用，她曾幫助谷歌建立了最大型、最成功的網際網路廣告業務。進入谷歌後的桑德伯格在工作中的能力更是有目共睹。桑德伯格可以將一個最初只有幾個人的團隊發展到了後來的 4000 多人，占據了谷歌全部人數的四分之一之多；她創造的營收占谷歌總營收的一半以上。另外，她還幫助谷歌創立了慈善事業，開拓了一些與主營業務不相關的新項目，例如谷歌的圖書掃描業務。連谷歌首席執行長埃里克·施密特都曾誇讚她是一位「超級明星」。

如此優秀的潛力股對於 Facebook 來說是一筆巨大的財富，她的價值不可估量。再加上祖克柏又與她非常投緣，因此桑德伯格就順理成章地成為了祖克柏事業上的得力助手。儘管他們之間存在著明顯的差異，但是祖克柏把與自己性格互補的人變為了最親密的同事。祖克柏曾說：「我們公司更注重員工之間的性格互補和平衡。這種平衡關係需要努力才能達成，但它一旦達成，就能大大提高員工的工作效率。」由於祖克柏和桑德伯格在交流過程中有種不言自明的默契，因而兩人都分外珍惜這份友情。桑德伯格說：「我們有條不紊地發展著我們之間的關係，並細心地呵護它。」祖克柏更是將他們之間的關係比作「高速寬頻」。桑德伯格總能讓他迅速獲得最新資訊，比如說，Facebook 愛爾蘭或印度辦事處的發展情況。以至於祖克柏說：「我們談論 30 秒鐘交流的信息量，

要比我和別人開會一個小時獲得的信息量還多。」

所謂人才，所謂優質潛力股，總會有其優秀的特質，總會在工作中表現出極高的熱情，也總會為公司的發展著想。桑德伯格總是以高效率謀求大發展，用她成熟的思維書寫了 Facebook 管理陣容中最精彩的一筆。祖克柏在心中十分信任桑德伯格，並且相信她能夠把一切事情處理得有條不紊。事實上，自從桑德伯格來到 Facebook，公司管理團隊的活力確實是大大提高了。不管是公司內部還是公司外部的事務，桑德伯格都放在心上，她一會要在廣告週會議上發表重要演講，一會又要在私下裡會見各個大型廣告商。對每一件事都要進行妥善地安排和佈置。在公司的外部事務中，桑德伯格花費大量時間與廣告商聯絡感情，忙得不可開交，時間對她來說總是不夠用。

桑德伯格還擅長宏觀的戰略決策。她親自負責監控那些鮮有人關注，卻有助於公司良好運轉的營運細節，並且會耐心地處理用戶的投訴和請求。有了她的協調，Facebook 才能夠有條不紊地運轉。桑德伯格能深入基層瞭解各個團隊如何協作，對於指導年輕員工，尤其是女員工，很有一套。她總是鼓勵她們不要僅僅因為準備組建家庭，而怯於挑戰重要的職場角色。在這方面，她總是現身說法。因為她本人不僅嫁給了線上調查軟體製造商 Survey Monkey 的首席執行長 Dave Goldberg，而且還撫育了兩個孩子。在她領導的團隊中，無論誰獲得升遷，她都會遞上一張便條，表示慶賀。

有了桑德伯格幫助祖克柏打理公司事務，Facebook 的員工管理變得更加有秩序，員工之間也變得合作互愛。桑德伯格除了在工作中與祖克柏有著很深的默契，她還是祖克柏在生活中要好的朋友。每週一早晨十點鐘前幾分鐘，桑德伯格都會給祖克柏發一封電子郵件。

「我們每週一開例會，」桑德伯格說，「我給他發郵件問『來了

嗎？』他回答『在路上』。」這種溫馨的提醒，讓祖克柏繁忙的日程節省了很多的時間。桑德伯格素以擅長人際交往和聰明睿智著稱。為了加強兩人的溝通，兩人商量好每週五進行溝通交流，討論近期遇到的每一個問題，並及時找到解決的辦法，從不讓問題積壓。

桑德伯格，這位矽谷中最與眾不同的商業合作夥伴，這支價值連城的潛力股，為 Facebook 創造了一個又一個奇蹟，她的價值正在逐步顯現。比如：Facebook 的營收迅速增長的原因之一，就是她和許多全球最大的廣告商保持著緊密的聯繫，借助了她在谷歌擔任高層時累積的人脈資源。另外，由於 Facebook 的其他聯合創始人、高層和早期員工紛紛離職，Facebook 曾在很長一段時期內均處於混亂無序的狀況。桑德伯格的到來讓這種狀況得以改觀，使公司逐漸趨於穩定發展。

桑德伯格給 Facebook 帶來了穩定的發展局面。Facebook 有了桑德伯格和祖克柏這對黃金搭檔，公司變得更加有戰鬥力。Facebook 分管工程的副總裁 Mike Schroepfer 說：「我們公司之所以運轉良好，是因為他們倆始終相處融洽。」憑藉其巧妙的說服力，桑德伯格迅速贏得了朋友和同事的好評，他們將她的說服技巧稱為「軟實力」。曾任 Facebook 高管、現為風險投資人的馬特·科勒爾在評價桑德伯格時稱：「她是我至今遇到過的最棒的首席營運長。」

桑德伯格這支潛力股的價值得到眾人高度認可，Facebook 的早期投資人、公司董事吉姆·布雷耶也表示：「簡單來說，我還從未遇見過像她這樣工作熱情和高智商兼具的女性管理者。」祖克柏則稱讚道：「沒有桑德伯格的 Facebook 將是不完整的。」這是祖克柏給予桑德伯格最為欣慰的評價。祖克柏對於桑德伯格的唯才是用，顯示了他善於發掘潛力股的人才管理頭腦。正所謂「千軍易得，一將難求」。在一個團隊中，不能忽視每一個普通成員的價值，但是更要關注那些發揮著巨大作用的

關鍵人物，這些人是對企業發展很有作為的潛力股，他們的能量不可估量，他們值得珍惜和尊重。

~~~~~~

【青年創業路標】

在許多情況下，創業者必須注意選拔和使用能夠擔當重任並且很有發展潛力的人，花費心思挖掘這種對企業發展大有幫助的潛力股，這樣才能真正實現發展目標。因為具有潛力的將才，能夠出色執行路線和方針，在應對這種未知狀況的時候發揮潛能，他在很大程度上決定著一個團隊的戰鬥力和發展水準，所以發揮企業的潛力，就需要創業者廣納這樣的潛力股。

5 · 出奇制勝，善於反其道而行之

著名管理學家邁克爾·波特認為，戰略的核心是定位、整合，創造競爭優勢，最終使自身與眾不同、獨一無二。無論是創業者，還是有一定規模的企業，都要盡快建立自己的差異化戰略，常常能夠出奇制勝，善於反其道而行之，才能在未來的市場競爭中生存下來。就像駭客對於矽谷很多管理者來說都是避之唯恐不及的禍害，但是祖克柏偏偏反其道而行之，猶如老鼠過街的「駭客」在祖克柏的心裡卻有著不可估量的積極作用。因為他獨特的性格讓他很自然喜歡出奇制勝，在人才的聘用方面，祖克柏很善於反其道而行之。

祖克柏認為「駭客」不但不是一種破壞勢力，反而是促進事物發展的動力。不得不說，能將「駭客」賦予這樣具有創新與顛覆性的定義，也只有大膽，不受拘束的祖克柏可以做到。作為一名 20 世紀 90 年代後期成長起來的駭客，祖克柏從來都不掩飾自己對駭客的崇拜，他說：「一名好的駭客相當於 10 ～ 20 名工程師。我們的文化允許優秀員工快速推出成果，並贏得尊敬。」後來，祖克柏的 Facebook 也為廣大駭客提供了一個施展才華的空間，從而形成了一個獨特的「駭客同盟」。

祖克柏之所以有這樣與眾不同的理解和體會，還源自於他在大學時代的那次駭客行動。那次危險的「駭客」事件真正啟發了祖克柏的思維，他認為「駭客」有時也會有正面的意義，最重要的是它有市場價值。雖然祖克柏背著「駭客」的名號被人指責，但 Facebook 已從當初的校園網站成長為一個全球性的服務網站，對網友的生活產生著重要的作用。只是，Facebook 常常出奇制勝的行為讓祖克柏的成功始終處於飽受爭議的

灰色邊界上。2005 年 9 月，Facebook 增添的「消息更新」功能更是加深了這種色彩。「消息更新」功能是將用戶的個人更新在另一個使用者登錄時顯示出來。這一功能的增加，Facebook 本來是好意，卻不料遭到了很多用戶的反對。48 小時之內，有 70 萬用戶參與了「反對 Facebook 消息更新」的網路抗議活動，抱怨他們的個人隱私被洩露及利用。

擅長出奇制勝，常常反其道而行之是祖克柏的本質，就在 2010 年 3 月，馬克·祖克柏的個人駭客行為又不幸被媒體曝光，這使得 Facebook 的用戶信任度大打折扣。這種種事件都讓 Facebook 用戶隱私安全的問題陷入了被動。但是，祖克柏，這個年輕的小夥子，似乎並沒有感覺到畏懼，他不曾懷疑自己，而是依然堅持反其道而行之的行為。即使「駭客」的帽子一直戴在他頭上，但是他每隔六到八週，都會在 Facebook 位於加州矽谷的總部舉行盛大的「駭客之夜」，讓員工在一夜之間想出好的點子，並完成一個項目。祖克柏說：「我十分重視速度，這是我個性的一部分。」巧用駭客文化出奇制勝，簡直成了他的招牌。

對於祖克柏來說，他的公司一定和傳統的矽谷公司不同，他不顧眾人非議反其道而行之，堅持 Facebook 的文化就是「駭客」文化，我們想要成為的，就是最好的「駭客」都想來這裡工作的地方，因為我們的文化就是讓他們能夠迅速地做那些他們想做的瘋狂的事，然後被迅速地承認。設想，如果沒有祖克柏當初作為「駭客」的大膽嘗試，那麼今天的 Facebook 將不會在社交網路中發揮它巨大的作用。祖克柏之所以培養新型的「駭客」人才，讓自己的公司成為「駭客同盟」，正是因為他看重這種人才的特質，這些人才能為 Facebook 注入更多鮮活的因素，雖然這種人才方略與傳統的觀點大相逕庭，但是，不可否認，這是一種極富遠見的觀念，並且在今天就對 Facebook 的發展產生了積極作用。因此，創業要成功，就要出奇制勝。只有你想不到的事，沒有做不到的事。在

出奇制勝的戰略制定方面有兩點可以參考：

（1）出奇制勝用獨特性超越對手。

企業如何找到獨一無二、出奇制勝的戰略，使自己脫穎而出呢？競爭戰略大師波特是這樣說的：「在我看來競爭必須要有一個很好的戰略，其實競爭並不是要成為最佳，而在於你要具有獨特性。」從戰略角度來說，競爭是有多種方面的，作為一個企業，你不是要找出唯一的靈丹妙藥，而是反其道而行之，要尋找一種適合你的方法，使你做到在業界與眾不同。這就是憑藉「領先戰略」出奇制勝。在這方面，最有代表性的例證就是 Facebook。Facebook 沒有將矽谷公認的人才模式套用在自己身上，而是出其不意的制定了「駭客」人才戰略，這樣反其道而行之的人才戰略讓 Facebook 出奇制勝，在與各路高手的競爭中站穩先機，長勝不敗。

（2）反其道而行之。

需要注意的是，反其道而行之的戰略必須把握好趨勢，而趨勢與潮流是不同的概念。潮流就像大海中的波濤，壯觀但來去匆匆，伴有許多的泡沫；而趨勢像是潮汐，潛移默化，實實在在，卻力量驚人。有的創業者常常將潮流當成趨勢，結果導致嚴重的失敗。領先也好，跟隨也罷，都是手段，是策略，反其道而行之的根本目的是實現企業發展目標。因此，在進行戰略定位的時候，創業者一定要根據企業實際靈活應變，而不能拘泥於形式。美國通用電器公司前總裁傑克·威爾許說過：「有想法就是英雄。」在財富時代，一定要善於獨立思考，善於出奇制勝，要知道反其道而行之往往會多一條出路，要學會不斷調整自己的思考方向，走的人最多的一條路，往往也是利潤最少的一條路，雖然安全性相對較高，但是要想超出同行業一大截，就要逆著常人的思維方式思考，出其不意，否則競爭將淘汰我們。

在資訊時代，風險與機遇同在，每個人都要面對一個不可預知的未來。只有敢冒險才能在競爭激烈的社會中求得生存，舉棋不定的人終將誤入歧途。因為任何成功都是具有危險性的，只有那些對失敗毫無恐懼的人才會最終走向成功。祖克柏是一位有想法、有個性的年輕人，他敢想敢做，敢冒天下之大不韙，在人才的任用上反其道而行之。在為公司吸納網路菁英時，他敢於接納有創意的「駭客」作為公司的員工，並設法讓這些創意天才融入公司的「駭客」文化，把他們團結在自己的周圍，組成聯盟，發揮聰明才智，為公司的發展貢獻力量。這就是祖克柏的非同凡響之處。

【青年創業路標】

駭客對於一個企業來說並不是缺點，如果因為有不被人理解的「駭客」行為而遭到斥責而放棄的話，就是真正的缺點了。祖克柏看待人才的眼光與常人截然相反，他意識到 Facebook 需要的正是有良知、有創意的「駭客」人才。這些在其他公司被嗤之以鼻的「駭客」成為 Facebook 獨立於網際網路行業的支柱，這些菁英正用自己理解的「駭客」含義，來創造對人類更有意義的網路工具。一種開拓性的逆向思維往往會開啟一種事業，一種新型的人才觀念往往能讓一個企業變得富有而獨特，Facebook 正是這樣。

6 · 創新不重要，有需求的創新才重要

　　社會總是處於變革之中，每個成功的人總能根據時局的變化，調整自己的方向和策略，該發展時發展，該創新時創新。審時度勢，挖出需求，這才是商場的大智慧。有了這種氣度和眼光的人，才能夠有大的作為。創新是一般的創業者都能意識到的，但是要知道有需求的創新是一個企業發展的靈魂，是一個企業源源不斷的發展動力和源泉。一個企業，也只有進行了思想上的創新、管理上的創新，以及技術上有針對性的創新後才能持續保持競爭力。尤其對一些高新技術企業來說，更應該把創新作為滿足使用者需要的重要的戰略步驟。

　　Facebook 作為迄今為止網際網路上最大的社交網站就很注重有需求的創新。祖克柏不無誇張地說：「我們擁有整個時代裡最具威力的資訊傳播機制。」他已成為美國品牌的新符號。面對公司如此強勁的發展勢頭，祖克柏依然清醒，他認為自己的職責就是要讓 Facebook 保持有針對性的、滿足用戶需求的創新。Facebook 首席營運長雪莉 · 桑德伯格也證實說：「祖克柏擔心，缺乏改變和盲目創新會讓我們進退維谷。一旦規模變大，你會停止前進。我們始終在思考如何儘量保證團隊的精幹，保證新人在加盟 Facebook 以後，可以繼續開發偉大的產品。」

　　從桑德伯格的話語中，可以瞭解到在經營公司的過程中，最令祖克柏擔心的事情就是公司缺乏創新。因此，祖克柏把創新的觀念根植於各個環節，注重對企業進行創新，以實現企業的持續發展。可以說，創新是 Facebook 前進的有力支撐。其中，技術和產品的創新是整個創新工作的核心，觀念的創新是技術和產品創新的基礎，體制和機制的創新是

技術和產品創新的保證。在現代商業世界裡，創新已成為公司發展的一大推力之一。無論是深刻改變人類生活方式的網路技術，方興未艾的環保節能技術、還是發展前景廣闊的生物基因技術，無不一次次向世人證明著創新的決定意義，同時意識到了這一點的社交網站都把有需求創新作為頭等要務。

比爾·蓋茲也曾說過：「創新帶來一切，微軟每年都要把大量經費用於研發，不斷推出新的產品，這是我們的核心競爭力。」許多成功企業都是在創新基礎上贏得勝利的。正是因為重視創新、加大技術研發投入，公司才在自己的領域內保持了競爭優勢，始終立於不敗之地。Facebook 更是意識到了這一點。作為全球最大的社交網站，Facebook 技高一籌，懂得根據使用者需求進行技術方面的創新，並且效果顯著。其中最有特色的一種軟體是 Memcached。它是現在網際網路最有名的軟體之一，它就是 Facebook 在充分研究用戶需求的基礎上研發出來的，近些年來，根據使用者的具體需求，Facebook 提出了一些優化 Memcached 和一些周邊軟體的辦法。如壓縮 network stack。除 Memcached 外，組成 Facebook 系統的軟體還有另外八款，它們共同幫助 Facebook 實現了大規模運行。

Facebook 極為重視使用者對於軟體的各種要求，並且已經做到了一定規模。Facebook 每月的頁面流覽量已經達到了 5700 億之多，照片量比其他所有圖片網站加起來還多，每個月有超過 30 億張的照片被上傳，系統服務每秒處理 120 萬張照片，每月還有超過 25 億條的內容被共用。這就是 Facebook 強大的軟體規模，看到這些再稱其為「全球最大的社交網站」也就不足為奇了。在電腦領域內，技術與應用發展更新極快，對其技術的掌握很難做到一勞永逸。Facebook 結合自身的發展，運用完善的軟體體系作為支撐，逐步占領了網際網路行業的高地。這種在現有

技術與框架下的創新看似平淡無奇，實際上這種革新擊中了用戶的軟肋，極大滿足了當時網路使用者的需求，從而抓住了用戶。這說明祖克柏懂得關注用戶需求的創新更有價值。

　　一個淺顯的道理是，不創新就難以生存，然而大多數創新又都會以失敗告終。創新要想取得成功，其關鍵所在就是對創新模式的創新，要懂得找準用戶對象的需求，不能盲目創新，為了創新而創新，而要做到有需求的創新。要充分瞭解用戶對象，發掘他們的需求，讓他們決定創新的方向，或者從中得到創新的靈感，或者聽取創新的回饋意見，這樣做的最大好處是把創新建立在了客觀、實際的基礎上。首先，找到靈感之源。消費者的需求，就是創業者創新的方向。那種閉門造車的創新之法，是不能在市場競爭中完勝的。其次，搜集創新情報。創新不是朝夕之功，必須廣泛搜集資訊，進行周密的調查研究，才可以得到有價值的創新思路，這都需要借助於消費者的幫助。

　　有針對性的創新最關鍵的一點是創新回饋。上次創新是否成功，消費者最有發言權。到消費者中間調研，不僅能瞭解他們的新需求，還能聽聽他們對上次創新產品的意見，這也是下一步創新的指南。Facebook的創新始終都是出於滿足用戶不斷增長的需求而做出的，所以在大多數時間都會取得成功。在任何競爭激烈的領域，品牌的增多大大拓寬了消費者的選擇餘地，在激烈的競爭下，創新產品的生命週期大大縮短，結果導致創新速度加快。這時，公司必須重新建構一個更為高效的創新體制──讓消費者決定創新。

　　祖克柏的創新正是如此，他不是盲目的譁眾取寵，而是極具針對性的、市場導向需求的創新，這些創新重新定義了網際網路，重新定義了網路社區，也重新定義了網路公司的人才觀。他不愧為美國在網際網路時代的創新先鋒。面對當今這個資訊化、經濟全球化的時代，如果每個

企業與市場不結合在一起，不去創新，那麼這個企業就沒法生存。創新是經濟增長和經濟發展的原動力，企業則是經濟增長和經濟發展的載體。一個企業的創新能力，直接決定了企業的市場競爭力。看來，商人的創新不要僅僅建立在模仿他人的基礎上，更要專注於運用創新化的思維和技術，在實踐中面向用戶需求具體執行，以確保企業獲得可持續發展。因此，我們要認真分析自己所處的具體環境，讓創新思維在不同的環境中，針對不同的需求發揮作用，使得創造力變為現實。

【青年創業路標】

在日益激烈的市場競爭中，企業無不把創新作為自己安身立命的法寶。無論在技術上、管理上，還是企業文化上，都離不開創新的思維。Facebook 的成功，得益於它強大的創新力。而這種創新，很大程度上來自於其創始人馬克·祖克柏對處理對象的重視與關注，從而準確的確定了創新的方向，極大地滿足了對象的需求。他在經營企業的過程中有著很強的憂患意識，在這種意識的驅動下，他對企業創新不敢有絲毫懈怠，對這種市場需求也都保持著高度的敏感。

可見，有針對性的創新是支撐公司長久發展的源泉。正如珠海格力電器副董事長董明珠所說：「如果一個企業沒有創新意識，這個企業必然是死路一條。」作為一個企業，無論如何必須創新，只是在不同的時期要有不同的創新思維，創新的方式不同，切忌不懂變通，一刀切到底。即使是小企業同樣需要創新。要創新就要先調查好目標使用者的需求，因為有針對性才有機會獲勝，而這種勝利在今後一定會帶給公司大的回報。

Share 4——帶著夢想和拼搏勇闖天下

創業者就像奔向景陽崗的武松，需要義無反顧的精神和勇氣，還需要牢靠扎實的功底。祖克柏告訴我們：「成功不能靠一時的靈感或才華，而是需要一年又一年的實踐和努力。凡是了不起的事情都需要大量的努力。」

1・勇氣誠可貴，志向價更高

祖克柏憑藉超人的勇氣和魄力，成為了全球最大的社交網站Facebook的現任CEO，以淨收入40億美元的身價榮登「2010富比士全球最年輕富豪榜」之首。這樣的成績足以讓任何在他這個年紀的年輕人感到驕傲，而與此同時，各種把他與微軟創始人比爾蓋茲相比的論調，也如同雨後春筍一般冒了出來，因為好像是一種不成文的習慣，在絕大多數的領域內，都存在著這麼一種稱號，就是「小XX」或者是「XX第二」，這裡的XX是成功人士的名字。很多人會以此為榮耀，認為自己能夠稱得上是XX的相似者或是後來者，是件很了不起的事情。這被很多人看作是一種事業上的成功或是業界的肯定，但是祖克柏卻不這麼認為。

祖克柏的志向要更高更遠，他對自己有著清晰的認識，對自己的事業也有著完整的規劃，所以，對於把他與蓋茲相比較的言論，他不是很認同，他說：「對於前輩比爾·蓋茲，我個人相當尊敬，他也是IT業界的成功典範。如果外界非要給我加上『蓋茲第二』的帽子，這是你們的一廂情願。我為什麼要成為比爾·蓋茲呢？微軟靠的是Windows和Office起家發跡，承載我夢想的是網際網路，更具體說是Facebook。」祖克柏的語氣中似乎一點都不喜歡「蓋茲第二」這個稱號。

高遠的志向是推動創業者不斷前進的永恆動力。

幾年前，當蓋茲宣佈退休之際，就有媒體發問，誰是「蓋茲第二」？這個問題問得顯然是有些目光短淺了。因為，現在，有能力超越蓋茲昨日輝煌的人已經橫空出世，他與蓋茲的「創業基因」雖然有那麼多的相

似之處，比如在稚氣未脫之時，就擁有了數十億個人資產。然而，當世人競相讚賞祖克柏有望取代蓋茲之際，他本人並不喜歡「蓋茲第二」這個頭銜。他有自己的志向，只想做一個真正的自己，一個歷史上沒有的，一個獨立的自我。

而事實證明，馬克·祖克柏也真正做到了最棒的自己，最好的公司。有時候我們某個人做得已經夠好了，看上去已經沒有提升的空間了，事實上並不是這樣，只要用心，我們就可以突破和超越。

Facebook 和祖克柏一樣，高遠的志向從未改變，始終堅持同一個追求，那就是努力做到更好。所以，憑著這種精益求精的精神，Facebook在美國之外的擴張也非常成功，其中超過70％的流量來自美國以外的市場。雄心勃勃的祖克柏目標不僅僅是創造一個網際網路模式，而是催生出一個極富增長潛力的新興產業。

在全球範圍內，仿效和複製 Facebook 模式的社交網站，猶如雨後春筍，而且成為風險投資最為看好的領域之一。Facebook 的節節進步，與祖克柏勇往直前的開拓精神和改變人類交流習慣的宏偉志向，是有著密切關係的。

創業者需要時刻保持高遠的志向，一手創立自己的公司，要經歷太多磨礪，多年的錘鍊，會讓創業者身上折射出創業家的韌性，絕對的勇氣，高遠的志向，而不是懦弱與腐敗。想要擁有這些，你要有決斷的能力，並敢於承擔責任，才能凝聚人心，帶領團隊走出困境，迎接勝利的曙光。你掌權，卻不擔責，沒有解決問題的勇氣，也沒有立志高遠的眼光，反而在創業初見成功之後就作威作福，大搞腐敗，那麼你的企業過不了今天就會死掉。

祖克柏就沒有沉醉在「蓋茲第二」的光環裡面迷失自我，他勇敢的拒絕了這樣的稱號，在社交網路的天地裡發揮自己的才智，用更大的作

為展現自己的實力。這個世界上，沒有白吃的午餐。創業成功也好，經商賺錢也罷，都是需要一些基本條件的。首要的一點是，領導人一定要有勇氣。因為，有了勇氣就有了擔當，做事才有責任感，創業者作為最高決策者才會成熟，才能面對挑戰、勇敢擔當。更重要的是，一個有勇氣、有責任感的人，才是值得信賴的人，才能與他人建立互信的基礎。

對創業者來說，擁有自己的公司，你就有支配各種資源的權力，同時你也要制定長遠的計畫，對於企業的發展有一個立志高遠的規劃才可能成功。長遠要經歷各種困難和痛苦，有了高遠的志向，才會把所有倒楣的事情當作練內功的機會，從中體會到快樂和成功。通常，剛開始創業的時候，你或許是一個人、兩個人，為著一個夢想，冒著已知未知的風險，在別人質疑的眼光中上路了。這時候，你想到的是對自己負責，對自己的夢負責，對湊錢給自己的家人負責，這樣才有了執著的努力，才有了成功的可能。

創業都有一個疲勞期，過了幾年，一切做得都很好，公司陣容壯大了，資金充裕了，而人也容易開始懈怠了，因為創業的夢想實現了。但是，這僅僅是創業成功的開始，如果不能像創業之初那樣嚴格要求自己，保持長遠的志向，明確自己的責任，自然容易墮落，甚至腐敗，最後，必然是失敗。因此，高遠的志向是驅使創業者、商人成功的核心動力，是持續把生意做好、做大的保證。祖克柏從創立 Facebook 之初就志在全球，而且秉持這個志向一直沒有放鬆對自己的要求，有了志向的鞭策，我們才能始終想到團隊的幫助，想到客戶的利益，迎接更大的風險，獲取更大的勝利。

（1）樹立遠大志向，永遠不給自己找任何藉口。

祖克柏自從創立 Facebook 以來，所引起非議不少，但是任何阻力都沒有成為他停止前進的藉口。推卸責任的人，都會給自己找藉口，有志

向的人不會找藉口，只會從自身找原因。創業中遇到困難，勇敢面對，沒有過不了的難關，「找藉口」只會讓自己成為縮頭烏龜。

（2）讓自己有勇氣立即行動。

世界上有兩種人：空想家和行動者。祖克柏屬於後者，他想到了社交網路的可行性，立刻就著手去做了。而空想家們善於談論、想像、渴望，甚至於設想去做大事情；而行動者則是去做！明天是空想家最「強大」的武器；行動者的利器則是今天。把握好今天，是贏得明天的唯一選擇，創業者不應該是一個懦弱的空想家，而應該是一個勇敢的行動者，要實現自己的志向就要用行動說話。

（3）要實現宏偉志向，凡事對自己要求嚴格一點。

真正的宏偉的志向，只有自己透過努力才能實現，所以要從每一件小事開始做起，讓志向的影響融入自己工作和生活的習慣。邁出創業的第一步，身上就肩負起重大的責任，這時候你要不斷反省自己，每走過一步是不是都在朝著自己的志向前進，這樣既總結成功經驗，也探討失敗教訓，並對自己提出更高的要求，從而不斷躍進。顯然，讓志向成為習慣，把創業的志向、理想都鍛造成一種使命感，再面對難題、挑戰就比較容易了，成功的機率也會大大增加。

在祖克柏重回哈佛校園時，曾有人問他的志向什麼，是否打算成為第二個比爾·蓋茲，他的回答體現了他自己的志向：「成功有時只是一個意外，我只是做了自己喜歡做的事情。」頓了一下，他又說：「你不可能成為任何人，我也是一樣，只希望成為我自己。」

2010 年，Facebook 的活躍用戶數量已經超過 5 億，每天登錄用戶高達 2.5 億。如果把它看成個虛擬國家，它的人口僅次於中國和印度，而它目前的資產估值已經達到 150 億美元，成為一個名符其實的帝國。這些成績都是祖克柏堅持自己的宏偉志向得到的實實在在的成果，他明白

勇氣誠可貴，志向價更高的道理，超越夢想，沿著自己遠大的志向一步步前進。創業者只有把志向放在心中，才能真正用心去做事情，把各方面的利益都照顧好，最終讓自己成為贏家。

【青年創業路標】

在Facebook 創建的初期，需要的是勇氣與決斷力，但是，現在，Facebook 已經有了一覽眾山小的優勢，此時企業很容易陷入妄自尊大、舉步不前的泥沼，但是，年輕的祖克柏顯然志不在此，他擁有遠大的志向，非常自信和獨立，有自己的謀斷，大家在把他與比爾·蓋茲相比較的同時，應該也要看到，他走出了一條只屬於自己的路。

一個人，不管你從事什麼行業，堅守於什麼崗位，都要保持對事業本身的熱情和信心，從而有爭做該領域的第一名的宏偉志向。就像祖克柏一樣，只要一如既往的努力，一如既往的追求卓越，就一定會看到成功的希望。

2．動起來，機遇永遠只在路上

　　創業者要明白，靜坐等不來機遇，機遇永遠只在路上，一定要積極的動起來，以最快的反應，緊緊追上機遇，這種快速式進攻之法，並非人人能夠掌握，而是深諳趁熱打鐵者所為。要抓住時機，就要時刻保持一種積極探索的狀態，並在適當的時候發力，走在競爭對手之前。在2011年《富比士》美國富豪榜中祖克柏的財富高達175億美元，排名位居第14位，是歷來最年輕的自行創業億萬富豪。作為一名年輕的創業者，祖克柏無疑取得了巨大的成功。他的成功來自於自己永不停歇的進取精神，年輕的祖克柏明白，只有永遠保持進取狀態，才能讓自己獲取最新的資訊，發現最不為人知的機遇，從而取得常人難以企及的成功。

　　機遇永遠都在路上，藏在日新月異的世界發展之中，現在的世界是資訊化時代，無論在生活上、學習上還是商業上，都少不了資訊的交流。在如今交流更加廣泛的社會活動中，人際關係時代的到來不可阻擋。祖克柏用自己的方法順應了這種趨勢，伺機而動抓住了這個機遇，改變了以往全世界人的交友方式。他建立的 Facebook 就是最典型的代表。自從馬克·祖克柏抓住機遇及時創立 Facebook 以來，用了短短幾年時間就聚集了數億活躍用戶，市值突破150億美元，一躍成為了全世界最大的社交網站。這正是祖克柏及時發現了人們日益增長的交流需求所期待的方式，而 Facebook 抓住了這個契機，完成了人們的這個交流心願。

　　機遇永遠都在路上，不能夠積極的動起來，就會錯失良機。祖克柏對此說道：「我們打造的是一個連結親朋好友的平台。從前的人利用面對面的方式相互溝通，後來開始打電話連絡，但始終缺乏一種理想的系

統，讓大家可以跟自己的好友、跟那些你很關心或很有興趣的人，隨時保持聯繫。」祖克柏可能是這個世界上最深刻理解什麼是社交網路的人，也是最懂得發掘其中潛在機遇的人。實際上，社交網路最吸引人的地方在於其真實性，人們習慣於用自己的真實資訊來加入社交網路，並真正地使用自己的真實身分。真實性對於用戶而言是一種安全的保障，它讓人們在虛擬的網路中依然能夠體驗真實的感覺。唯有這樣，才能體現出網路交流的價值，同時這也是對對方的一種尊重。

祖克柏抓住的機遇就在於，在 Facebook 之前，人們根本不曾想過所有人都用真實身分上網溝通，也沒有一家網際網路公司如此深入細緻地去分析人和人之間複雜而微妙的現實關係，並讓原本很難把握的這種社會圖景，變得可分析、可計量、可把控、可管理。而祖克柏發現了這個問題，並且改變了這個情況，他創造了一種新的方式供人們在網路中交流，Facebook 的誕生為人們提供了安全且值得信賴的網上溝通環境，讓千萬人能更舒服地在網上表達自己的想法。Facebook 作為一種以現實社會關係為基礎的網路社交正逐步替代傳統社交，來滿足人類這種社會性動物的各種交流需求，這是現代奔波於住家與辦公室的人們，對於回歸真實人際交流的強烈欲望與渴求。

只有動起來積極探索的人，才能發現藏在路上的機遇。其實，在過去的幾年間，社交網路就已經需要一個新的平台來吸引用戶了，這其中隱藏著巨大的機遇。數以億計的中國網友也曾為「偷菜」而癡狂，為追逐微博而癡迷。無論從開心網到人人網，還是從各類 BBS 到微博，從此時到彼時，中國各大社交網站都不乏凝聚人氣的手段。但無論在中國，還是世界其他地區，都尚未有真正的脫穎而出者，成為令網友安心地聚集、棲息，將社會關係和人際互動投射其中的平台，直到 Facebook 的問世，祖克柏及時抓住了人們渴望一個可以安歇心靈的社交網路的機遇。

　　善於抓住機遇的祖克柏制定了很多非同凡響的決策，其中之一就是在 Facebook 創立時就確定了實名制。實名制不是想想就能做到的，在發現了這個機遇之後，祖克柏也運用了一股超強的執行力來完成。Facebook 之所以成為社交網路中的一顆不落的新星，就是因為它創造了一種虛擬網路中的真實關係。採用實名制是 Facebook 公司抓住的最大的機遇之一，也是 Facebook 成功的關鍵。在 Facebook 的競爭對手中，Friendster 曾試圖推行實名制，但沒有成功；而 Myspace 甚至都沒有嘗試過。祖克柏的這一創舉使人類在網際網路上的交流發生了翻天覆地的變化。

　　祖克柏積極動起來，抓住了屬於他的發展機遇，取得了傲人的成績，Facebook 讓源自真實生活的社交網路從現實中植入了虛擬世界，進而帶動了資訊傳播、廣告行銷等一連串行業的轉移，這是 21 世紀人類社會的一次宏大遷徙，引發了生活方式、商業模式和社會組織形態的深刻變革。看見創業要抓住路上的機遇，就要隨時保持一種積極的動起來的狀態，生意場上有一句話，叫做「隨行就市」。這裡的「行」情，也就是市場的供需狀況。創業者只有順應市場供需的形勢，採取相應的行銷策略，滿足消費需求，才能取勝於市場競爭。

　　（1）動起來之前，準確判斷機遇所在。

　　創業要抓準機遇，前提是做好科學的決策，而科學決策的前提和基礎是掌握全面、具體、詳細的市場訊息。祖克柏可謂深諳社交網路的發展走向，所以在伺機而動之前，他早就看好了實名制這一巨大機遇。所以創業者時刻留心捕捉機遇資訊，並且加以全面科學的分析是抓準機遇的前提，是一個成熟創業者必須要修鍊的基本功。

　　（2）動起來之後審時度勢，合理利用機遇。

　　任何一個創業家，要生存、要發展、要取勝，首先要能審時度勢，

充分掌握市場環境。一個出色的創業者，要在環境「欲變未變」之時，見微波而知必有暗流，在順境中預見危機的端倪，在困難時看到勝利的曙光，駕駛著企業的大舟，機動靈活地繞過暗礁險灘，駛向勝利的彼岸。Facebook 就是祖克柏審時度勢，合理利用機遇的產物。

（3）主動跟上，「行情」就是機遇。

做生意，不管你願不願意，你都必須尊重市場規律，跟著「行情」走。為此你要研究「行情」，掌握「行情」變化規律，抓住「行情」變化給你帶來的機會。從而靈活變更經營項目，把生意做活、做巧妙。

（4）提早動起來，掌握市場的主動權。

敵變我變，關鍵在於一個「先」字，必須搶在敵人再次「變化」之前，改變已經「過時」的作戰計畫。同樣道理，市場行情發生了變化，你要比競爭對手更快變更經營項目，才能掌握經商的主動權，先發制人。Facebook 的改革在同行業占得先機，就在於祖克柏提早動起來，掌握了市場的主動權，讓其他同行都成為他的模仿者和追隨者。紙上談兵、墨守成規、按圖索驥，不能及時動起來，只能錯失良機被戰爭的汪洋大海所淹沒。一個優秀的創業者，總是能根據時局的變化，調整自己的經營策略，伺機而動，快狠準的抓住路上的機遇。

【青年創業路標】

祖克柏積極行動抓住機遇，整合了這個時代的零碎資訊，把世界聯繫了起來。他讓全球數億人透過 Facebook 聯繫在了一起，並使越來越多的人需要社交網路進行聯繫。而社交網路之所以被推廣開來在於它講求真實性，它改變了人類以往虛擬交際的網路習慣。這種真實的交流方式幾乎可以連結到所有的人──只要你上網，上Facebook。

可見，在創造任何東西的時候，都要與時俱進，關注市場的發展與變化，明白用戶此刻內心的需求，同時，抓住任何對自己公司有利的機遇。這樣，創造出來的東西才會廣受歡迎，否則只會在市場浪潮中被淹沒。新的時代是實名化人際關係交流的時代，馬克·祖克柏看到了這一點，因此成為這個時代備受矚目的一位決策者。

3．包袱丟得越遠越好

任何成功的創業者，在事業發展過程中難免會遇到一些大大小小的麻煩，有的小問題是很容易被克服的，但是，一些關於企業發展前景大問題，是絕對馬虎不得的。對於 Facebook 而言，隨著 Facebook 的迅猛發展，它帶來了巨大的利益收入，關於它的所有權問題也隨之出現，這就是一個拖累 Facebook 前行的大包袱，如果處理不當，這個蓬勃發展的網路明星企業，極有可能落入他人之手，所以，對於這個大包袱，祖克柏選擇把它丟得越遠越好。

祖克柏的第一個包袱來自大學時代的一次經歷。我們都知道，2005年的時候，文克萊沃斯兄弟為首的 ConnectU 的開創人，因為網站創意所有權的問題，正式起訴 Facebook 及祖克柏。但是在法庭的調解之下，雙方最終以 Facebook 支付 ConnectU6500 萬美元的和解費為條件，達成和解，並簽訂了保密協議。後來文克萊沃斯兄弟請求將部分和解費轉換成 Facebook 股票，並以每股 35.90 美元的價格入股。這一價格根據 5 個月前微軟投資 Facebook 時的估值而來。根據微軟的投資，Facebook 當時的估值為 150 億美元。因此，文克萊沃斯兄弟獲得了 125 萬股，即 4500 萬美元。

但是，祖克柏面對這樣的包袱，也有他化解的辦法，因為巧合的是，就在和解簽訂前幾天，Facebook 董事會剛剛認可了每股 8.88 美元的專家估值，但他們並未對外披露。因此文克萊沃斯兄弟獲得的股票價值就僅僅是 1100 萬美元。文克萊沃斯兄弟認為，Facebook 是有意隱瞞，涉嫌證券詐欺。他們稱，這次起訴的目標不是為了錢，而是為了道義，要還原

事情的真相。

　　其實，明眼人都看得出來，看到 Facebook 發展眼紅的他們，不過是想借助任何可以抓得住的機會，進來分一杯羹。對於這樣企圖拖累 Facebook 發展的包袱，祖克柏採取的不過是保守措施，而且，當時 Facebook 的成員對此也十分氣憤，他們認為 Facebook 沒有義務對文克萊沃斯兄弟披露股價，且這一資訊對於雙方的起訴與和解協定來說也不是必要資訊。

　　很顯然，關於股票價格這一仗，祖克柏贏得漂亮，在把損失降到最低的基礎上，甩掉了關於網站所有權爭端這個大包袱。正所謂創意人人都有，真正將創意做成功的人卻是鳳毛麟角。祖克柏用行動證明了自己有能力讓一個非凡的創意成為一款人人歡迎的產品，這樣的才能讓那些想扯他後腿的包袱，都被遠遠地拋在後面。也可以說，是別人的想法點燃了他的靈感，給了他一個啟發和引領，借助這一點火光，點亮了他內心的火種，這才有了他如今的輝煌。

　　因此，面對那些企圖在企業功成名就的時候，衝出來搶功的人，最好的辦法就是把自己的產品越做越好，越來越有自己的風格，同時，也越來越有本錢，在面對這些唯利是圖之人的貪婪的時候，可以一擲千金而面不改色。總的來說，有了想法而沒有行動的人，只是個空想主義者，他只會在別人成功的時候怨聲載道：「這個主意是我想到的。」但是為時已晚，面對這樣的人，就像對付綁住了前行腳步的包袱一樣，破財消災，乾淨俐落的打發掉，保持自己的節奏，一路高歌。

　　普林斯頓大學的教授諾曼・R・奧古斯丁說：「事情發生後要迅速果斷，做出快速反應。俗話說，好事不出門，壞事傳千里。一些與企業相關的事件發生後，很快就會不脛而走。如果耽擱時間，只會擴大不良影響，惡化組織在公眾心目中的形象。」以下是在處理像祖克柏遇到的

「包袱事件」時，要如何才能及時有效處理得當的幾點重要環節：

（1）盡快地掌握事實真相的原貌。

比如這次所有權的爭奪戰，祖克柏就是首先弄清楚了這對雙胞胎兄弟的意圖，之後才採取對策進行處理的，盡快掌握事實的真相，這是尋求妥善處理事件、穩妥的拋掉包袱的前提。首先要明確的就是包袱的癥結，找到拋掉包袱產生最根本的矛盾所在，才有可能找到丟掉包袱的突破口。

（2）調查研究，弄清包袱來源。

只有首先透過調查研究，弄清事情的來龍去脈，公司才能為以後事件的處理做到有的放矢。祖克柏本人就是爭議事件的直接參與者，所以對於這個包袱的來源，他可謂心知肚明，所以處理起來也顯得得心應手。

（3）聯繫傳媒，爭取輿論支持。

成也蕭何，敗也蕭何。新聞媒體的影響範圍異常廣泛，對公眾的輿論導向作用極大。就像祖克柏在和雙胞胎兄弟打官司的時候，適時地說明了自己當初並未接受他們一分錢的薪水，所以，和他們本來就沒有任何雇傭關係，透過媒體，祖克柏得到了大眾的支持。所以我們在處理包袱的時候，要懂得利用新聞傳媒，增加組織的透明度，增強組織與公眾之間的溝通與交流，能有效消除事件的影響。

（4）坦誠對待公眾和新聞界。

包袱一旦出現，往往成為新聞媒介及公眾關注的焦點，這時當事人的坦誠往往成為博得新聞界信任與支持的有效武器。

（5）維持公司形象，消除事件後果。

公司形象是公司安身立命的條件，在處理包袱的過程中，公司形象也極有可能受到挫傷，在處理危險的策劃中，公司要由始至終注意公司

形象的維護。

　　一個有頭腦有決策的領導人在處理拋棄包袱事件的時候，最重要的是保持一顆清醒的頭腦，保證不自亂陣腳，並且能夠及時有效的處理問題，把問題影響縮小，防止問題繼續擴張。就像祖克柏用最直接的方法為 Facebook 化解了一次危機，用錢財作為一把利刃，果斷的割斷了和包袱的聯繫，把那些扯人後腿的事情遠遠拋在了後面。

〜〜〜〜〜〜〜〜〜〜〜〜〜〜〜〜〜〜〜〜〜〜〜〜〜〜〜〜〜〜〜

【青年創業路標】

　　包袱是什麼？包袱是一種拖住企業行進的負面因素，不及時擺脫，就像是被吸血蟲叮住的貓，總有一天會滿身吸血蟲慘死街頭。關於 Facebook 的所有權問題，祖克柏的處理方法很果斷乾脆，因為網路社區這種社交類的概念早在 1997 年就有了。如果是單純的在網上交往的想法，明顯算不上什麼創意，試圖用這樣的方式占得 Facebook 的所有權，更是癡人說夢。祖克柏只是拿來已經有的想法，再加上自己的軟體發展能力和對於功能的創新，一步一個腳印成就了 Facebook 的今天。如果有一個自己感覺很好的想法，誰又能不去試試呢？

4 · 挑起擔當，馳騁創業路

　　能在創業這條艱辛路途上瀟灑馳騁的人，都有一個共同的特點，即性格剛毅，勇於擔當。只要認定自己所選擇的創業道路是正確的，那他就會以頑強的毅力一直走下去，哪怕前進的路上佈滿荊棘，也會勇敢面對，不達目標誓不甘休。敢於擔當責任是成功者必備的素質，這種素質也就是人們通常所說的有魄力。缺少這種素質，即使你有再美好的創業計畫，有再好的創業條件也會與成功無緣。祖克柏無疑是個有魄力、有擔當的創業者，面對大量的巨額廣告誘惑，他用超出年輕的成熟，頂住了巨大的壓力，在時機成熟之前，一直理智的控制著 Facebook 上面廣告的數量和刊登類型，這些都會對 Facebook 成為一個偉大的作品，產生著至關重要的作用。

　　要想擔當重任，馳騁創業路，就要有足夠的抗壓能力和粉碎質疑的實力。隨著 Facebook 的工作越來越忙碌，祖克柏開始需要透過廣告的方式融資，而如何讓多疑的廣告商相信他們的實力，則是對他的一大考驗。當時業務經理薩維林接洽了一家名為 Y2M 的公司。Y2M 為大學校報的網站代理廣告，薩維林邀請這家公司洽談 Facebook 出售廣告的事宜。擔當的底氣永遠來自實力，當 Y2M 公司的一位主管布萊克與他們見面交談時，祖克柏取出一本筆記本，上面列印出了 Facebook 的網路流量資料。

　　Facebook 的實力讓人震驚，布萊克有些不解。「你一定搞錯了，」她說，「你們不可能達到這樣的流量。」祖克柏用足夠的擔當精神來處理這些質疑，他坦然建議這家廣告公司將自家的監控軟體在 Facebook

的伺服器上安裝幾天，讓他們自己來觀察網站的流量。結果證明這些讓
人震驚的資料沒有絲毫錯誤，布萊克和她的同事們驚訝不已。Y2M 幾
乎立即就將他們客戶的廣告放在了 Facebook 上，並抽取約 30%的廣告
收入作為佣金。第一批廣告客戶中有 MasterCard，這家公司為大學生提
供特別的信用卡服務。

　　同樣的，面對最多的質疑，祖克柏都用 Facebook 的實力穩穩地擋住
了，因為像 Y2M 和多數在 Facebook 上投放廣告的客戶一樣，MasterCard
的管理者們都對 Facebook 是否擁有那樣大的流量表示懷疑。因此，
MasterCard 並沒有直接支付廣告費用，而是像它在其他學校網站所操作
的那樣，只有在出現一名學生提交了辦卡申請時公司才會同意付費。
當時 Facebook 已經在大約 12 所學校推行，MasterCard 的廣告在一個星
期四的下午 5 點開始推出。一天之內，MasterCard 收到的信用卡申請
數就比他們這場 4 個月的廣告活動中預計得到的數量多一倍。Facebook
憑藉正逢其時的客戶——就讀於頂級學府的富有學生而贏得廣告。
MasterCard 的廣告於是繼續在這個網站刊登。

　　Facebook 在祖克柏具有擔當精神的領導下，在創業之路上馳騁開
來，因為很快 Y2M 的負責人開始將 Facebook 視為一項能帶來突破性改
變的潛力型投資，於是他們希望在夏季到來以前也分一杯羹。布萊克與
另一位主管向祖克柏提出了 Y2M 的注資意向。在這種情況下，祖克柏
一如既往的具有擔當精神。不論面對一片溢美之詞，還是對方開出極具
吸引力的條件，他都不會有多少言語上的表示，而是默默的在心裡進行
嚴密的計算和長遠的計畫。因此，對 Y2M 的積極爭取，他卻不為所動。
即使當時他對 Facebook 的發展潛力有自己的遠景規劃，那也與盈利沒
有太大關係。「我們會改變世界，」布萊克記得祖克柏是這樣說的，「我
認為我們能讓世界成為更加開放的空間。」這些話此後被他一再提起。

　　祖克柏的擔當精神源於他確信，以廣告獲得盡可能多的收入，遠沒有讓用戶始終開心重要。他允許在網站上刊登廣告，但那些廣告要符合他規定的條件，廣告商只能使用少數標準尺寸的大標題。那些提出在網上推出使用者專門服務的要求則被祖克柏拒絕。由於認為一些商業廣告不能與 Facebook 上學生們幽默俏皮的風格保持一致，所以他謝絕了包括美世諮詢和高盛在內的一些公司，祖克柏有時甚至只讓廣告標題貼出很小的大寫字體。

　　勇於擔當是創造優秀企業乃至百年老店必不可少的妙藥。我們可以這樣認為，兩個公司在發展上的差距，其實是從領導者擔當魄力的差距上開始的。每個企業都不想落後於其他企業，要想讓企業長久不衰，保持領軍狀態，馳騁於創業路上，就要做到：

　　（1）要立足長遠、統籌兼顧，樹立正確的系統觀念。

　　（2）要與時俱進、追求卓越，樹立正確的競爭觀念。

　　（3）要明確目標、把握中心，樹立正確的效益觀念。

　　（4）要強化執行、講求時效，樹立正確的效率觀念。

　　（5）要主動治理、齊抓共管，樹立正確的環保觀念。

　　（6）要依法治企、按章辦事，樹立正確的法制觀念。

　　（7）要關注民生、注重人的發展，樹立正確的人本觀念。

　　許多創業者都熱衷於學習和宣傳最新的管理技巧，但是由於對創業者應該具備的擔當精神缺乏真正的理解和實踐，他們的這些理論和技巧很可能停留在紙上談兵階段。要想讓企業蒸蒸日上，就要有足夠的擔當精神，像祖克柏一樣，敢於排除非議做出決定，敢於面對質疑拿出真本事，也敢於堅持己見將廣告對 Facebook 的影響降至最低。創業者要有擔當，就要樹立堅決貫徹的理念，將想法付諸於實踐。祖克柏用他的遠見和擔當，幫 Facebook 把握住了正確的航向，在日後的發展中，才能比

同類網站占盡先機，才能擁有今日的輝煌。其實在現實生活中，只要翻開任何一個成功創業者的事例，你都可以看到這些成功創業者是如何憑著過人的膽識和不懼風雨的擔當精神進行創業的。

【青年創業路標】

世界上沒有任何道路可以一帆風順地走下去，想一帆風順那只能是人們一種良好的願望：正如人們所常說的那樣「不經歷風雨，怎麼能見彩虹」。要想看到瑰麗的大自然，必須經歷風風雨雨，所以對於創業者來說，要想成功創業就要像祖克柏一樣認準目標，頂住一切壓力，堅持到底。即使遇到一千次一萬次困難和誘惑也不放棄最初的初衷，不輕言失敗，不退縮，不向命運屈服。如果能做到這點，那麼你就會成為另一個祖克柏。成功者的全書裡也會留下你的鼎鼎大名。

5·別怕「暫時失敗」這隻攔路虎

　　人最大的競爭對手是自己，對於一個公司也一樣。很多公司往往並不是被別人打敗的，而是敗在了自己手中。對於真正的強者而言，從來沒有真正的失敗，如果在暫時失敗面前低頭，就是對於自己事業永遠的放棄，自己給自己判了死刑。所以，在他們的心中，出現的挑戰和挫折只能定義為暫時性的，面對這樣一時的失敗，他們會想盡一切辦法克服，戰勝來自外在的挑戰，保持自己前進的節奏，以勝利者的姿態傲視群雄。

　　在競技場上，今天勝利，但明天就可能落敗；所以，商人應該不斷地提醒自己「變化比計畫快」，督促自己遠離「成功導致成功」的錯誤想法。Facebook 發展得這麼迅速，是不是前途一片光明了呢？當然不可能。任何事物在其發展過程中一定會遇到這樣或那樣的困難和挑戰。發展越快，面臨的未知挑戰就越多。Facebook 就時刻準備著前方的各種挑戰。

　　在 Facebook 的眾多競爭對手中，谷歌算是最強大的一個了。谷歌曾向 Facebook 發起挑戰，宣佈建構社交網路的計畫，試圖直接模仿這個強有力的競爭對手。谷歌的這些戰略轉變無疑在短時期內，給 Facebook 帶來了很大的衝擊，但是，這種暫時性的失敗，遠沒有讓祖克柏感到害怕，面對危機，他自有對策。福里斯特調查公司社交網路分析師喬希‧貝諾夫對於「Google+」表達了自己的看法：「我認為它會比以往的社交網路平台，如 Buzz，更為成功。但我覺得它只會是一個小小的成功，近期不太可能對 Facebook 構成威脅。」谷歌試圖利用人們對隱私的擔

憂將自己的社交網路與 Facebook 加以區分。

面對谷歌強大勢頭帶來的挫敗，Facebook 當然沒有放任，而是採取了相應的措施以保住自己龍頭老大的位置。Facebook 推出了旨在幫助中小企業使用該社交網站的線上指南 Facebook.com ／ business。該網頁主要用於指導企業使用者如何建立資料檔案、創作目標廣告、開展交易，以及與消費者線上回饋進行互動。這項新功能正是在谷歌開始關停其社交網路 Google+ 上所有的企業用戶帳號一週後推出的，這個時機值得推敲。Facebook 推出這項新功能顯然是「醉翁之意不在酒」，它的意圖在於向外界透露一個信號：Facebook 跟 Google+ 不一樣，他們鼓勵企業使用者使用 Facebook 的服務以開展品牌拓展活動。

祖克柏就是有這種將失敗定義為暫時性的能力，針對 Google+ 社交網路服務推出的好友分組功能，Facebook 也不甘示弱地向用戶提供名為「智慧名單」的好友分組服務，以方便使用者針對不同好友的興趣愛好而分享不同內容。「智慧名單」服務，能夠以不同標準為用戶自動完成分組，分類標準包括居住地、同學、同事等等。使用者還能夠根據自身需求對分組加以定制。此外，用戶也可選擇遮罩「智慧名單」分組功能。利用「智慧名單」服務，使用者可輕鬆地將好友分為不同群組，從而與不同群組分享特定圖片、網帖以及網路連結等內容。透過這些服務，Facebook 緊緊抓住了網路使用者，讓谷歌鎩羽而歸。

對於身經百戰的創業者來說，沒有經歷過失敗是謊言。但失敗本身並不可怕，可怕的是將暫時的失敗當成了永遠的失敗，在失敗之後沒有信心，不能夠自己站起來。要知道創業就是要既經受成功的喜悅，也品嘗失敗的痛苦，這樣的創業人士才是完滿的。祖克柏面對谷歌帶來的潰敗毫不氣餒，立刻投入戰鬥，由此可見失敗其實並不重要，最重要的是失敗之後是否仍有信心，是否能繼續保持或者擁有清醒的頭腦。像任何

身處逆境的人一樣，不必怨恨，應想方設法擺脫困境，慢慢圖謀東山再起的機會，直至成功。

不要被「暫時失敗」這隻攔路虎嚇住，是中外著名創業家的共同心得：著名的泰國華人企業家朱岳秋說：「只相信成功，不相信失敗，如果沒有這種精神，那麼在生意場上是很難混下去的。」李嘉誠認為，做生意有賠有賺，失敗了很正常；關鍵是，失敗了要不氣餒，籌備東山再起。如果認為失敗是命中注定的，覺得不會再有出頭的日子，那麼人一生就完了，不可能再有勇氣反敗為勝，改變命運。

怕失敗者必敗，這是經商的基本信條。從打工到老闆的角色轉換，是一個痛苦的過程。期間，要經歷鳳凰涅槃般的磨礪，在身體和心靈上經受千錘百鍊。尤其是失敗一旦降臨到頭上，千萬不要灰心喪氣，要充滿希望，有「盼頭」。對創業者來說，必須樹立不怕失敗的信念，果斷地做出決定，投身新的環境，發揮全部的商業才華。今天，創業作為一種謀生的手段和職業，賺錢發財無可厚非，關鍵在於怎麼賺、怎麼發，特別是遭遇失敗的時候，你能不能以理性的態度思考問題，累積經商的智慧。

（1）把暫時失敗當作一種歷練。

谷歌氣勢洶洶，Facebook有勝有敗，但是祖克柏卻沒有退卻過，這就說明創業就要有「敗不餒」的精神。作為一個成熟的創業者，遇到失敗後，不但不會遭受意外的致命打擊，反而能從微小的失敗中學到許多教訓，把逆境當作寶貴的磨練機會，養成剛毅大膽的氣質。Facebook與谷歌的這幾輪爭鬥，祖克柏仔細分析制定戰略，終於憑藉有針對性的戰略打敗谷歌一次次的挑戰。所以在商戰中，只有經得起逆境考驗的人，才能算是真正的強者。

（2）找到對策，讓失敗只是暫時的。

人人都可能碰到挫折，但更多的人是被挫折絆倒，再也爬不起來。祖克柏認為，失敗後更要不斷去嘗試，不斷地去找成功的對策，不應該沉溺於遺憾當中。只有嘗試，才能找到成功的出口，迎接勝利的曙光。更重要的是，在不斷試錯的過程中，對商業世界中的每個細節摸得一清二楚，為下一步的行動做好了佈置。

「物競天擇，適者生存」，這一自然界的生存法則也適用於商業領域。在商界，只有不斷向隱患與困難發起挑戰，把所有挫敗都透過努力化為暫時性失敗，讓成功成為所有競爭的最終結局，商者才有生存下來的希望。其實商人最大的危機和挑戰往往不是來自外界，而是來自於自身。與其說成功是為了超越別人，不如說是為了超越自己。而只有時刻保持危機感，敢於挑戰，敢於突破的人，才有可能成為最後的贏家。

〜〜〜〜〜〜〜〜〜〜〜〜〜〜〜〜〜〜〜〜〜〜〜〜

【青年創業路標】

哪裡有挑戰，哪裡就有進步。面對失敗，弱者低下軟弱的頭，但是強者絕對會在提高自己的實力方面狠下功夫，讓自己變得愈發強大，讓任何失敗，都變成暫時性的。如果沒有谷歌、蘋果這樣的社交網站對 Facebook 產生威脅，那麼它就不會這麼快的突破自己，盡一切努力保持自己的王者地位。在眾多網站相互競爭的同時，受益最大的其實還是用戶，Facebook 的這種積極地良性競爭讓未來的網路時代更加美好。

人生是一場博弈。接受挑戰是人生路上克服障礙必須採用的手段。當看起來難以克服的困境失敗來臨時，不要逃避，只有積極地採取應對措施，增強自己的實力，才能一次次將暫時性失敗轉化為永久的勝利。

6‧潰敗後不是頹靡，而是反省

　　現在風風光光的祖克柏不是從沒有遇見過困難，但是在舉世譁然的大潰敗面前，這個年輕的創業者也從未一蹶不振過，他選擇的是一條強者的路，他會面對失敗認真分析，從中看到積極與消極的方面，然後有針對性的加以改進，而絕不是頹靡不振。現在很多年輕的創業者總是在嘗到一些創業的甜頭之後喜不自禁，甚至洋洋得意，但是，一旦遭遇市場的風雨突變，生意經營遇到困境，變得舉步維艱，這些創業者的精氣神也就像霜打的茄子，低迷得不行，真的是一蹶不振，當初創業的豪情消失得無形無蹤。要知道，水手們有一句諺語：風平浪靜的時候，誰都能掌舵。只有當考驗來臨時，才能看出一個人是不是真的適合創業。

　　祖克柏的面臨考驗是從創新帶來影響開始的。當時，Facebook公司年輕的領袖們產生了建構一個新頁面的想法，這個頁面顯示的將不僅是你朋友最新上傳的照片，而且還包括他們的個人主頁上所有最近發生的變化。「我們開始問，『怎樣才能讓人們得到他們最關心的資訊？』」祖克柏說，「我們想建構一個能顯示所有事情的螢幕，所以產生了動態新聞的概念。」

　　動態新聞的開發是Facebook迄今為止所處理過的最為複雜和漫長的項目。不過到了仲夏，一個最初版本已經調試成功。隨著動態新聞初次亮相的日子臨近，公司對此的期望值也越來越非同一般。在當年9月5號週二的凌晨時分，Facebook啟動了動態新聞功能。此前每個人都在拚命工作，辦公室一片狼藉——電線和文件散落得滿地都是。公司的冰箱裡塞滿了為一個盛大慶祝準備的廉價科貝爾香檳。員工們拔出了香檳

蓋，直接就喝。一些人甚至大聲鬧了起來，就像新年一樣。這是值得慶祝的一件事。就在他們按下正式啟動動態新聞的按鈕時，人群聚集在了監視器前面。馬克·祖克柏也在那裡，光著腳板，上身穿著一件從紐約GBGB夜店得來的紅色T恤，下身則是一條寬鬆的黑色尼龍籃球短褲。

但是任何新的嘗試都不會一帆風順，Facebook這次面對的將是一次來自百萬用戶的極大質疑，這是一次名符其實的潰敗。因為技術團隊在啟動代碼後，他們坐在螢幕前關注著940萬即將上線的Facebook用戶的反應，結果第一條回應居然是「把這垃圾關掉！」那晚的照片表明了一場慶祝場面迅速冷場，微醉的員工們不再興高采烈地揮舞著他們的科貝爾香檳瓶子，開始瞪著螢幕，眼看著來自各處的抱怨在瞬間傾瀉而至。

不過除了喧譁聲，祖克柏和Facebook的所有人都在這場潰敗中察覺到了一種莫大的諷刺，那就是抗議小組迅速膨脹的規模其本身就證明了動態新聞的有效性。人們之所以會紛紛加入各個小組抗議動態新聞，是由於他們從動態新聞中得知了這些小組的存在。就像當時祖克柏解釋的那樣：「動態新聞的重點在於它能夠浮現出你周遭發生的態勢。它浮現的態勢之一就是這些反動態新聞小組的存在。我們要讓這些小組在我們的系統裡能夠真正地成長起來。」對他來說，這是動態新聞在按其預想的目的運作的終極證據。

當然，這樣冷靜和睿智的邏輯是不能挽救這場潰敗的，於是祖克柏及時做出了深度反省，用他卓越的領導才能讓他的團隊對動態新聞做出了一些修復性的改進。考克斯、桑維、資深軟體工程師波斯維克還有其他幾位軟體工程師瘋狂地用了48小時編寫了新的隱私設置功能，給予了用戶一些控制權，指定了自己的哪些資訊可以被動態新聞廣播出去。使用者現在可以吩咐程式不要發佈一些特定類型行為的新聞。比如說，在你對一幅照片發表評論時，或當你改變了自己的婚姻狀態時（這是一

個重要的方面），你可以讓程式不對外廣播。

就在祖克柏反省自己的不足之處並組織團隊積極改進的時候，「學生反對 Facebook 動態新聞」小組的人數突破了 75 萬大關，不過示威活動被取消了，隱私控制功能的上線迅速平息了抗議聲。祖克柏在新功能上線遇挫之後，反應迅速，沒有絲毫的遲疑，立即投入對產品的修復上面，幾乎馬上推出了讓挑剔的用戶們不再抱怨的附加功能，這種決策力和對失敗壓力的承受能力，都是創業者們需要鍛鍊和提升的地方。

（1）潰敗後不要頹廢的潰不成軍。

動態新聞帶來的巨大質疑聲浪絲毫沒有讓祖克柏感到氣餒，他更沒有因為眼前的失敗而讓 Facebook 潰不成軍，而是馬上反思錯誤，準確定位新產品缺陷，然後找到克服的對策。泰國華裔富商陳興勤有類似的觀點：「失敗是成功之母，創業要有『敗不餒』的精神，要死也要死在大海，不要待在小溪裡。」對於創業者來說，要學會利用失敗與錯誤，從失敗中汲取教訓，善於處理成功途中所遇到的波折和障礙，這樣才能不斷地走向成功。

（2）學會反省，要從自己身上找失敗原因。

在商戰中，有許多人事業遭遇挫折時，總是從外部找原因，結果不能替顧客著想，也就無法明確自己的使命，不能在失敗中增進自己的商業經驗，這其實是非常可悲的。Facebook 對於動態新聞的功能改進都是依據用戶需求而設的，所以才會迅速平息質疑，化解危機。其實，成功的創業者都是屢敗屢戰的鬥士。賺錢不易，尤其是在創業初期，能夠生存下來往往就是成功。那些成功的大商人，表面上看起來風風光光，背後卻飽嘗了許多常人難以想像的辛酸。他們把挫折和失敗當成家常便飯，屢敗屢戰，才有了後來的勝利。因此，創業者一定要不怕失敗、不要因眼前的失敗而頹廢，要有不達目的誓不甘休的魄力。比如，做生意

遇到挫折，人們最容易喪失信心。但是，只要想到自己本來就一無所有，就容易堅定信心，從頭再來。而且，在深刻反省之後，一個人更容易明確自己要的是什麼，從而直奔主題。

再慘痛的失敗，再大聲的質疑，都不能動搖祖克柏最初的理想，只是讓祖克柏在失敗中汲取教訓，讓自己下一次做得更好。因為，祖克柏知道在他及時改進之後，不論人們在小組裡說了些什麼，他們其實還是喜歡動態新聞功能的。他有資料來證明。和動態新聞上線之前相比，人們花在 Facebook 上的平均時間越來越多。而且戲劇性的是，他們正在上面做越來越多的事情。原本的用戶流量是 120 億，但是隨著動態新聞的上線，流量達到了 220 億。面對潰敗，祖克柏沒有驚慌失措，而是用一種超越年齡的冷靜立刻反省錯誤，並迅速做出調整，讓潰敗也變成了一次學習的過程。

【青年創業路標】

失敗是成功之母，這句話被人說了千次萬次。但是，最尋常的道理往往就蘊含著最高深的智慧。面對失敗，祖克柏沒有半點頹靡，而是迅速振奮精神，組織團隊火速做出改進，這樣堅強的心讓他不怕任何潰敗；而這樣的堅定信念，讓他知道自己做的是對的，從而不會輕易調轉航向，而是認定目標，勇往直前。

7・保持現有的基礎上，持續發展

常言道：打江山易，坐江山難。對於任何創業公司，如何在創業初期蓬勃發展之後，一直保持一種奮發向上的持續發展勢頭，是一個關乎生死存亡的問題。保持在原有的基礎上持續發展，不斷超越昨日的自我，是創業公司在激烈競爭中，求得生存的必要途徑。

Facebook 以摧枯拉朽的氣勢紅遍網路之後，資金不再是障礙，其業務在學生中繼續快速增長，怎麼做才能讓 Facebook 變得越來越專業，在現有的基礎上，保持住現在迅猛的勢頭，是祖克柏要考慮的首要問題。

要想保持持續發展，強大的人才力量是基礎。當時，馬克·祖克柏和達斯汀·莫斯科維茲才年僅 21 歲。儘管他們遠見卓越、創意無窮、全心投入，但他們仍然停留在大學生的思想狀態，幾乎不知道如何組織一家企業。25 歲的肖恩·派克曾在好幾個創業公司工作過，但他討厭這些公司的限制，他是一個天生的叛逆者。他故意完全不理會傳統企業原則，而祖克柏則根本不知道這些原則，此時公司急需成熟的管理者和大量新鮮血液的注入，只有招進足夠的優秀人才，Facebook 才能長青不敗。

祖克柏是個有著遠見卓識的人，他很快就清楚的意識到，要想讓 Facebook 在現有基礎上持續發展，就要不斷引進優秀人才，而與位於矽谷食物鏈頂端的 Google 爭奪人才則是最好的辦法。畢竟，那是幾乎每個優秀軟體工程師都嚮往去工作的地方，那些人才是 Facebook 應該聘用的人。只要知道某人正在 Google 接受面試，祖克柏就愈發想把這個人搶到手。在一次 Google 的校園招聘會上，祖克柏在史丹佛電腦科學

系大樓內擺設了一個小桌子，上面的標語寫道：「為什麼要到 Google 工作？來 Facebook 吧。」

為了保持 Facebook 持續發展的勢頭，祖克柏對招聘人員有著其獨特的高標準。首先，它偏向於聘請年輕人。對這群中途輟學、挑戰舊習俗、自學成才的人來說，輟學是一種美德。

「當你可以參與其中的時候，為什麼要浪費時間去研究它呢？」祖克柏會這樣問他試圖招募的畢業生。他甚至開始保證，如果某人輟學來 Facebook 工作而且之後決定再去讀書的話，公司將為其支付學費。

科勒面向暑假實習生打招聘廣告，然後當有發展前途的應聘者來面試時，科勒有時會告知他們 Facebook 只招聘全職員工，這就迫使應聘者考慮輟學。斯科特·瑪利特（ScottMarlette）就是被這麼招來的，斯科特退出了史丹佛大學電子工程系的研究生學習，成為 Facebook 早期招募的高級員工之一。迅速招聘到適合公司的人才，為 Facebook 的持續發展注入了強勁動力。

公司的持續發展需要人才作為基礎，而人的潛能是無限的，找到合適的人才並充分發掘他們的潛力，就能戰無不勝，就沒人能打敗你了，這應該成為每一位創業者的座右銘。優秀的創業者為了保持企業的持續發展，會充分發揮人才的價值，會在企業裡打造這樣一種文化：只要你是人才，就不怕沒有用武之地。成熟的創業者敢用人才，讓企業創造了一次次奇蹟。正是祖克柏招聘而來的在校新人，憑藉他們非凡的網路知識，幫助 Facebook 化解了一次次危機。

這種使用人才的大手筆上，體現了創業者做事的決心，以及培育人才的高明之處。領導人堅決支持下屬，部下自然會賣命，又何愁不出業績呢？由此，小兵也能成長為將軍。

在諸多因素中，能夠推動企業持續發展的，所占比重最多的就是人

的因素。就好像在戰場上，影響戰爭勝負的因素很多，但是處於關鍵位置的將才，無疑發揮了決定性的作用。優秀的人才能夠有力的推動一個企業發展，這種論斷並不誇張，而創業者要注意選拔的就是這方面的人才。所以對於尚有學業牽絆的在校生，祖克柏不惜承諾將來為他們付學費，也要他們現在就加入 Facebook。正是因為將來的變數極多，而公司的持續發展是不容耽誤的，及時招進這些人才，是 Facebook 長期持續的保障。

依靠人才的力量來保持公司的持續發展是需要懂得用人藝術的，正所謂「千軍易得，一將難求」。在一個團隊中，我們不能忽視每一個普通成員的價值，但是更要關注那些發揮著巨大作用的關鍵人物，比如祖克柏對於 Facebook 挖空心思招聘來的首席營運長桑德伯格就青睞有加，因為她是一個對於 Facebook 千載難逢的人才。現代市場競爭的關鍵是人才競爭，靠人才保持持續發展的路線確定之後，真正的人才就是決定性因素了。這裡所說的「真正的人才」就是「力輕扛鼎，足輕戎馬，搴旗取將」的人才，他們能夠出色執行路線和方針，能夠獨當一面，是組織的骨幹，在很大程度上決定著一個團隊的戰鬥力和發展水準。為此：

（1）為了保持公司的持續發展，要把骨幹人才的發現和選拔，作為一個長期的戰略任務來做，要利用各種機會持續不斷地進行這一工作。不同於企業的一般招聘，那些獨當一面的優秀人才，往往需要企業領導人在日常事務親自招聘而來，甚至借助獵頭公司的力量。祖克柏對於 Facebook 很多關鍵職位的人員招聘，都是親自面試的，可見他對於骨幹人才的重視。

（2）為了維持公司的持續發展千萬不可吝嗇，聘用骨幹人才時要捨得給予優厚待遇。「一分價錢一分貨」，貨好價格自然就高，值得重金相聘的人也必是業務精通、忠心得力之人。祖克柏是一個很懂得用股

票團結人心的創業者，Facebook 節節高升的股價，讓持有 Facebook 股票的每一名員工都有一份很可觀的的收益，這對於祖克柏收羅人心產生著重要作用。所以企業領導人在用人的問題上不要吝惜錢財，必須充分顯示出對人才價值的肯定和尊重。選拔、培養獨當一面的人才，是創業者的重要職責。不過，許多時候，人才不是天生的，而是在創業者的支持下大膽做事，逐漸磨礪出來的。為此，創業者要敢用人，捨得花錢，讓人才一次次爆發出驚人的戰鬥力，為公司的持續發展注入源源不斷的活力。

〜〜〜〜〜〜〜〜〜〜〜〜〜〜〜〜〜〜〜〜〜〜〜〜〜〜〜〜〜

【青年創業路標】

祖克柏是個明智的創業者，他知道讓 Facebook 這樣一個龐然大物保持持續發展，絕不是以他一人之力可以做到的。所以，他積極招聘人才，將有助於 Facebook 發展的優秀員工納入旗下。祖克柏很有自知之明，他沒有像很多年輕的創業者一樣，陷入妄自尊大的迷思，錯誤的認為憑藉自己超凡的能力，能夠解決所有危機，不需要任何「外人」插手。

其實，就像一棵樹要想長得粗壯高大，必須要有茂盛的根系一樣，公司的持續發展，也要有強大的、高品質的人才儲備，這樣在創業者有偉大的構想時，才有人去實施；當公司陷入困境的時候，才有人去解決；當公司止步不前的時候，才有人去開拓前路。

Share 5——照顧好創業路上的兩塊金

「自信」和「誠信」是做人的兩個重要素質，同時也是創業路
上兩個必不可少的條件。年輕的祖克柏正是靠著實力下的超強
自信讓自己建立的社交網站一躍而起，靠著誠信社交的理念，
讓自己的網站走遍世界。祖克柏的手裡真正握住了這兩塊金
子。

1 · 不要再說「我不能」

普天之下，芸芸眾生，誰都想實現自身的人生價值，誰都想擁有無窮無盡的財富，誰都渴望著轟轟烈烈的壯麗人生，誰都想取得人生最大的成功。但是幸運女神的裙裾，似乎只是青睞於為數不多的那些人。那麼，這些人和普通的眾人有何不同呢？差別之處就在於，他們在面對困難的時候，不會對自己說「我不能」，而是積極樂觀的面對，相信自己能夠把眼前的問題處理得很妥善，相信自己能憑藉掌握的資源，讓創業的路走得更長更遠，祖克柏就是一個不會對自己說「我不能」的人，在他所經歷過的大大小小的考驗中，他從來都是馬上組織團隊埋頭解決問題，甚至連質疑自己的一丁點時間，都沒有留下。

傳統的眼光總是無時無刻不在的，這些質疑的聲音曾經讓無數的創業者感到絕望，心灰意冷，從而認定自己不是創業家的這塊料，認定自己什麼都做不成，還未嘗試就斷定「我不能」，或許，對於歷經滄桑的長者來說，初出茅廬的年輕人未免有些無知和莽撞。因為年輕人沒有足夠的閱歷，沒有足夠的見識，沒有足夠的經驗……這些必然缺乏的因素導致了許多前輩對後來者都產生了不屑一顧的態度，他們大都不把年輕人放在眼裡。但是，雖說年輕人的資歷有限，但是，別忘了，在這些年輕的心靈中，有些是超乎尋常的強壯，他們不會因為任何質疑而懷疑自己的能力，不會因為任何嘲笑的聲音，而改變偉大的計畫和宏偉的目標。這樣的年輕人，不會對自己說——我不能。

當 Facebook 遠沒有現在這樣振聲發聵的影響力時，很多都以為像祖克柏這樣大學還沒畢業的年輕人，如果想獨立創業是很難取得成

功的。大家以為祖克柏與那些身經百戰的成熟企業家比起來簡直微不足道。但是，Facebook 的誕生和發展證明了祖克柏不僅有一顆積極昂揚的心，還有超乎尋常的商業頭腦和執行能力。對於馬克·祖克柏來說，自信就是一種資本。相信自己的心就是創造奇蹟的力量源泉。那麼，自信的心究竟是怎麼樣的？相信自己的力量又究竟有多強大？祖克柏用行動為你做出了解答。

精益求精，要做就要做到更好，沒有什麼是我們不能做到的。這是發自這個年輕人心中最強烈的呼喊。如果有人問，成功的原動力是什麼？那麼，答案有三：第一是自信；第二是自信；第三還是自信。這個世界的很多人之所以不能成功，是因為他沒有真正地認認真真的相信自己能夠成功。或者說，這些人沒有足夠的信心取得成功。不相信自己，就會與很多重大的機遇擦身而過；不相信自己，就會讓身邊的夥伴對自己失望，然後慢慢離自己而去；不相信自己，就會讓自己的創業夢想，永遠只是一個夢想而已。

不輕易說「我不能」，最後很多事情真的就不是不能做到的了。2009 年 3 月，尼爾森公司研究所宣佈了網際網路劃時代的巨變：全世界的網際網路使用者在社交網路上花費的時間第一次超過了使用郵件的時間，這種新型的溝通方式已經變成了主流。全世界的用戶花在社交網上的總時間在 2008 年呈現了 63％ 的正成長。然而，Facebook 的增長卻遠不止這個數。它的用戶總時間增長了 566％，高達 205 億分鐘。這樣的傲人成績足以讓 Facebook 背後的所有創作者欣喜若狂。但是，年輕的祖克柏並沒有因為這些成績沾沾自喜，也沒有放緩前行的腳步，因為他相信自己的潛力遠不止於此，現在的發展狀態還遠遠不到再也無法超越自己的地步。

堅持自己心之所向的膽識，不會輕易說出「我不能」，更是祖克柏

脫穎而出的法寶。渴望成功，卻又害怕失敗，是大多數人平庸一生的根源所在。他們不是沒有創意，不是沒有頭腦，只是少了年輕人的自信與勇敢。自 2004 年 Facebook 創建起，祖克柏就用自己那顆自信的心靈，一次次地震撼了美國，震撼了世界。從哈佛的校園，美國的高校，再到全世界的人群，Facebook 一步步在擴大著它的「勢力」範圍，贏得了用戶的喜愛。短時間內，Facebook 創造了網路界的奇蹟。因此，對創業者來說，保持自信、不把「不能」輕易掛在嘴邊，處變不驚、遊刃有餘，成功才能來得更早，成就也會更大。

（1）自信。不是由於有些事情難以做到，我們才失去了自信；而是因為我們失去了自信，所以有些事情才顯得難以做到。做全球化的社交網路很難嗎？祖克柏不輕易說難，也就一步步走過來，取得了後來的成功。

（2）潭深千尺不揚波。創業者要時刻讓自己保持冷靜，即使公司有多輝煌或現在處於怎樣的困境。只有冷靜，才能保證自己的決策和管理行為是理性的、可行的。

（3）善於解決問題。創業者清醒地知道他們正在追求的目標，會及時發現和解決那些擋在前進道路上的障礙。祖克柏遇到問題總是立即幫助團隊加以解決，他不會用「我做不到」這樣的理由搪塞，他知道那是弱者的做法。成熟的創業者知道該如何評價和選擇解決這些問題的方案，推進企業發展。

（4）堅持客觀地看待問題。比如，找到解決問題的某種方法時，創業者會請來盡可能多的有資歷的專家進行探討，以避免判斷失誤。他們絕不應該因個人的見解妨礙自己客觀地看待問題。當公司發生意外，經營遇到挫折的時候，創業者最重要的是保持一份樂觀、不輕易說不的心態，這是度過困難的法寶。須知，上天的公平並不是表現在一切人

都一樣的面孔、一樣的生活，而是要你以一種積極樂觀的態度來面對一切。

~~~~~~

【青年創業路標】

不輕易說不的信心是祖克柏成功的保障，這個年輕的小夥子似乎有著超能力，他就是靠著那顆相信自己相信團隊的心，實現了 Facebook 在網際網路行業的一次次華麗的轉身。總之，年輕的創業者不要害怕自己的閱歷淺，見識短，不要輕易否定自己，不要輕易說我不能，只要你還有一顆飛揚的心，成功就不會太遙遠，因為自信心是一種能挖掘潛力和創造奇蹟的能量。無論在怎樣的一個年紀，只要保持相信自己的心，只要相信自己能夠達到目標，堅定信念，沒有什麼事情是不能夠完成的。

2 · 要對我們的事業有強烈的認同感

眾所周知，一個組織的成敗往往取決於組織領導的魅力、魄力、預見力，如果只是公司領導階層對於自己公司的發展成竹在胸，自信滿滿是遠遠不夠的，更重要的是，讓整個團隊都能感受到領導者的這種自信，並且確切的知道這並非是盲目自信，而是可以透過很多切切實實的細節，真切感知到的，這樣，公司的員工就會對正在經營的事業有一種可貴的參與感和強烈的認同感，而對於如何讓自己的團隊感受到自己對於公司前景的自信，產生這種強烈的認同感，馬克·祖克柏很有自己的一套。

培養同事們對於事業的認同感，祖克柏有著獨到的觀點，他知道要想讓 Facebook 發展壯大，首先需要他選拔符合這個團隊精神的人加入進來，這充分體現了他善用人才的特點。祖克柏在用人方面很注重人才的兩個特性：一個是高智商，另一個同樣重要，就是對事業的認同感。高智商的員工有著很強的可塑性，有挖掘不完的潛力，可以透過培養成為行業的領頭者。而對事業有認同感是一種更為難得的品質，因為這樣的員工更加知道自己的定位在哪裡，他們往往投入極大的熱情在工作上。祖克柏正是抓住了人才的這兩個特性，有選擇性地進行人才篩選。

容易培養認同感的人才永遠都是最有限考慮的，具體來講，缺乏工作經驗，但聰明過人的人與一位有 10 年工作經驗的軟體工程師相比，祖克柏更需要前者。因為在祖克柏看來，如果一個人做了 10 年軟體工程師，那麼他可能這輩子都會做這行。這樣的人很能幹，對公司也是很有幫助的。但是，這些工程師因為在之前的環境浸染太久，思維方式和

辦事習慣難免會留下原來的固定痕跡，對於融入 Facebook 的團隊有著一定的障礙，而這樣的隔閡，對於團隊認同感的建立和公司的發展，都有著很不利的影響。而高智商的人才雖是新人，卻能夠快速地接受和學習新事物，在短時間裡做很多事，迅速的融入 Facebook 這個大家庭，就像一張白紙，充滿了期待和未知性，讓他們建立團隊認同感相對來說簡單很多，而這往往是經驗豐富的人所達不到的。

所以，對於事業有強烈認同感的員工，祖克柏是非常重視的。他說：「一個人無論多聰明並極富效率，但如果缺少認同感，他不會真正努力。」祖克柏在史丹佛挑選的幾個工程師，都沒有多少工作經驗。但是他們都絕頂聰明，同時很想從事這個行業，願意從最基礎的工作做起，譬如創建 Facebook 相冊。祖克柏認為，這些對事業有認同感的有才之士比很多資深程式設計師更具價值。

祖克柏這樣的用人理念是很適合培養員工認同感的，因為一些管理學家將企業管理分為兩個階段，第一個階段，企業把決策者的思想變成了規章制度，要求每個人嚴格執行。問題是，規章制度的管理要設計並實施，監督的成本很大，容易引起員工的反感，效率也不高。而第二個階段，也就是事業認同感形成的階段，企業強調的是對員工認同感的培養。也就是說，要在企業內部創造一種體現經營思想、發展理念的心理文化，讓每個人在認同的基礎上自覺行動，帶來高效率。

其實，無論在經營觀念、企業文化還是人才選用上，馬克·祖克柏都很注重事業認同感的培養，時刻把自己的行動準則傳達給了自己的員工，並以他充滿活力的創新思維領導著 Facebook。在管理機制上，他的管理方式新穎獨特，看起來讓人很難理解，但實際上很有規則和技巧，這種有組織無紀律的創新管理方式的關鍵，就是讓團隊成員形成一種對於自己所從事事業的強烈認同感，這也是祖克柏獨具特色的領導模式。

　　只有創業者內心的精神力量非常強大，堅信自己所做的事業是一件有益於他人，有益於社會的有意義的事情，團隊成員們才能感受到你的這份熱情，從而產生一種對於事業的認同感。所以創業者必須用自己的堅持和熱情贏得其他成員的信任和擁戴，眾人才會樂於聽命於你，即使不發號施令，也樂意追隨你做事。可見，團隊並不是一群人的機械組合。一個真正的團隊應該有一個共同的奮鬥目標，成員之間的行動也是相互依存，相互影響的。只有這樣才能更好地協助合作，追求集體的成功。祖克柏就在管理團隊上將自己的理想、人格和價值觀融入到公司的精神之中，使 Facebook 成了一個獨立而團結的陣容，有著一種對於事業的強烈認同感，也使得 Facebook 的全體員工在這種認同感的帶動下，變得越來越有活力，有幹勁。

【青年創業路標】

　團隊認同感是現代企業精神的重要組成部分，企業中的員工之間的關係，雖談不上什麼生死之交，但一定要做到風雨同行、同舟共濟。沒有團隊緊密合作的認同感，僅憑一個人的力量，無論如何也達不到理想的工作效果。只有透過集體的力量，充分發揮團隊精神才能使工作做得更出色。

　　Facebook 之所以會如此出色地屹立在網際網路行業，也是因為它有強大的團隊力量在支撐。領導好自己的團隊便贏得了行業競爭中的優勝地位。培養團隊的力量，讓團隊為企業利益服務這是最為明智的管理策略，也是每個創業者都需要注重的工作。

3‧自信是成功創業者相似的靈魂

　　成功的人總是會表現出與眾不同的自信態度。在一般人看來，他們最初的想法和行為都有些過度自大。但這些自信的特性恰巧是他們非凡的思維和創造力的根源所在，更是他們能夠取得成功的關鍵。馬克‧祖克柏求學期間看起來並不是聰明伶俐的學生，但是他特立獨行的舉止卻透露出內心的無比自信。在哈佛大學的時候，他留著滿頭卷髮，戴著一副厚得像啤酒瓶的眼鏡，服裝也穿得很怪異。他常常穿著一件有小猴圖案的灰色連帽衫，上面印有——「程式設計猴」。本來就生性內斂的祖克柏顯得與眾人格格不入，周圍的人都說他像一個機器人，「被過度程式設計了。」但是自信的祖克柏自己卻並不在意，還自嘲自己就是個「怪人」。

　　自信是強者的無價之寶，懦弱是弱者的無底深淵！眾人的否定會讓你看清赤裸裸的自我，發現自己的弱點和瑕疵，也會發現優勢和可造之處，讓自己保持一個清醒的頭腦，清晰的思路，從而能正確地把握自己。因此，祖克柏雖被同學冷落，卻意外找到了屬於自己的位置。他在繁華喧鬧之外看清了自己的潛質，並且保持了那份自信，堅信自己會開發出偉大的產品！而且祖克柏是一個從小就志向遠大、充滿自信的人，當思想馳騁在古老文字中的古戰場時，他堅信自己也會像古代的英雄一樣，用自己手中的利劍，建立一個偉大的帝國。

　　祖克柏這種自信的心態在少年時代就表現出來了，在高中學習拉丁文期間，當讀到特洛伊英雄埃涅阿斯的征服和他的夢想——「建立在時間和疆域上沒有界限的城市」時，他興奮不已。年紀輕輕的祖克柏總是

愛引用類似句子，譬如「幸運偏愛勇敢的人」，譬如「沒有國界的帝國」。這確實在一定程度上啟發了祖克柏，促使他形成了現在自信的性格。從他日後的各個重大決定中，我們就可以看出他的勇敢自信的王者氣概。

曾擔任 Facebook 總裁的西恩也曾說：「他身上有種想當帝王的傾向，總是迷戀古希臘奧德賽那一類故事。」我們不曾猜想祖克柏在讀到這些句子時頭腦裡有了什麼樣的波蕩，但是這樣的帝王想法確實為他的勇敢和自信產生了影響。

古往今來成就大事業的人，無一例外都是具有高自信，大膽識的人，他們往往喜怒不形於色，一切計畫卻早已胸有成竹。祖克柏便是如此。祖克柏一向不善於表達自己的情感，因此他的這些想法和變化也很少有人會留意到，這個青年在不斷地積蓄著力量，懷揣著一個別人不敢想像的偉大志向，自信的朝著這個大目標一步步邁進。

其實，在祖克柏的內心，他對生活和創造的自信及熱情一直都在，只是他始終生活在人群的角落裡，光芒很難被人們察覺而已。有一次，壯志未酬的祖克柏把鼻子抵在玻璃窗上，望著窗外冷漠的世界自信滿滿的說：「我要讓他們大吃一驚，我值得擁有更美好的人生。」祖克柏就是一個這樣自信卻堅毅的人，因此，無論他遇到什麼艱難險阻，他總是能夠用理智的思考、樂觀的精神、充實的靈魂和瀟灑的態度支配自己的人生。

小時候的祖克柏雖然也像普通孩子喜歡搞一些惡作劇，但是他玩的可要比一般孩子高明很多，而且，沒有對自己充分的自信，一般孩子是不敢這麼玩的。小時候，他常常用電腦和親人開一些「高級的玩笑」。在他 12 歲的一個晚上，當妹妹多娜正在用電腦打報告時，突然螢幕上出現一行字元：「電腦中了致命的病毒，將在 30 秒內爆炸。」隨後就開始倒數計時。多娜跑到階梯上，大叫「Mark！」沒想到，這正是調皮

的祖克柏導演的惡作劇。小小的祖克柏很自信自己的玩笑會讓妹妹驚慌失措，所以當時對此頗有成就感。同時，他自信的想法和行動也為他日後在網際網路行業大展宏圖埋下了伏筆。

自信往往來自真正的實力，沒有緣由的自信是令人厭惡的狂妄，而祖克柏的自信就來源於強大的實力，他確實是一個不可否認的電腦天才。當其他孩子玩遊戲的時候，祖克柏已經在製作遊戲了。每當談起幼年編遊戲的往事，祖克柏都會顯得尤為激動。

那時，祖克柏的父母請了一位家教，專門負責指導他的電腦課程。但祖克柏在電腦上的頭腦和天賦很快讓家教感到了吃力，「這孩子是個神童，要能教他東西很難。」後來，強烈的求知欲促使祖克柏進入附近的莫瑟爾學院，參加每週四晚上的大學電腦課程。雖然祖克柏的學習重心一直在電腦領域，但他絕對不是一個只懂得電腦的單項人才，他擅長擊劍，同時還學習了古希臘、古羅馬文學，力圖從多個方面充實和提升自己。

作為創業者一旦有了自信，就能掌握處理很多問題的訣竅，一般來說，要以大事之心處小事，以小事之心看大事。說穿了，大事要舉重若輕，泰然處之；小事要舉輕若重，不可淡漠之，殊不知管理本身就無大事，管理本身就是許多小事的處理標準及執行標準。做人、生活何嘗不是如此，做菜是小事，治理國家是大事，但是大小同理，做大事就是要有一份做小事的心情，舉重若輕，保持自信、從容鎮定。

雖然祖克柏看似不愛言語，總是不時冒出看似過於自信的想法，或實施出人意料的創意行動，但事實證明，他所有看似盲目的創意背後，都有深入的思考和研究，這是一種建立在堅實基礎上的強大自信，這也是所有天才與成功者的共通之處。成功的人總會有一些在別人看來過於自信、不計後果的行動。但是，不要害怕別人的懷疑和譏諷，只要自己

有充分的準備和積澱，並勇於跨越，就有取得成功的可能。「自信」卻「成功」的祖克柏就是我們的典範。

【青年創業路標】

有句話說得好：世上無難事，只怕有心人。成功的人往往都經歷過失落或是心理的低谷期，但是想要成就一番大事的創業者要有信心堅持下去，相信自己能夠挺過這些風浪。祖克柏就是很好的典範。從一個電腦怪才到一位億萬富翁，這其中有祖克柏的幸運，更重要的是他心中有抱負，有信仰，並且堅定不移地做自己喜歡的事，只走自己認定的路，相信自己能夠實現預期的目標，所以祖克柏最終走向了成功。

可見，能夠一鳴驚人、創業成功的人，在心底都是十分相信自己是能夠創造奇蹟的人。這份自信支持他們走過了坎坎坷坷風風雨雨，作為心底的一點火光，點亮了日後光輝的前程。

4・你要站在更高的角度看未來

　　欲窮千里目，更上一層樓。要想取得超越現在的成功，創業者需要站得更高，用更加廣闊的視角來看世界，更高的視角，有助於你透過浮雲看清跟前的紛紛擾擾，有助於你從長遠的角度規劃未來。很多創業者容易在得到一些小成績之後，就沾沾自喜，不思進取，結果時間一長，就變成了井底之蛙，眼界狹小，只能看到眼前的一點點利益，並且為之爭得不可開交，全然忘記了發展是需要站在高處從長計議的。在 2011 年《富比士》美國富豪榜中祖克柏的財富高達 175 億美元，排名位居第 14 位，是歷來最年輕的自行創業億萬富豪。作為一名年輕的創業者，祖克柏無疑取得了巨大的成功。他的成功來自於自己不同尋常的高瞻遠矚。

　　創業者需要時刻保持一種攀爬上更高的角度看未來的意識，因為領導者是一個企業發展的靈魂，是一個企業源源不斷的發展動力和源泉。一個企業的領導者，也只有進行了思想上的拓展，思維上的強化，以及市場戰略的長遠化後才能持續保持競爭力。尤其對一些高新技術企業來說，更應該把志存高遠作為重要的企業文化。Facebook 是迄今為止網際網路上最大的社交網站。祖克柏不無誇張地說：「我們擁有整個時代裡最具威力的資訊傳播機制。」他已成為美國品牌的新符號。但是，面對公司如此強勁的發展勢頭，祖克柏依然清醒，他認為自己的職責就是要讓 Facebook 保持更高遠的目標。Facebook 首席營運長雪莉・桑德伯格也證實說：「祖克柏擔心，缺乏改變和創新會讓我們進退維谷。一旦規模變大，你會停止前進。我們始終在思考如何盡量保證團隊的精幹，保

證新人在加盟 Facebook 以後，可以繼續開發偉大的產品。」從桑德伯格的話語中，可以瞭解到在經營公司的過程中，最令祖克柏擔心的事情就是公司滿於現狀，止步不前。

因此，祖克柏把視角更高遠的要求根植於各個環節，注重對企業進行創新升級，以實現企業的持續發展。可以說，長遠的戰略眼光是 Facebook 前進的有力支撐。其中，技術和產品的創新是整個創新工作的核心，觀念的創新是技術和產品創新的基礎，體制和機制的創新是技術和產品創新的保證。在現代商業世界裡，「技術」已成為公司發展的一大推力之一。無論是深刻改變人類生活方式的網路技術，方興未艾的環保節能技術，還是發展前景廣闊的生物基因技術、無不一次次向世人證明著「技術」的決定意義。

比爾·蓋茲曾說：「技術帶來一切，微軟每年都要把大量經費用於研發，這是我們的核心競爭力。」許多成功企業都是在核心技術基礎上贏得勝利的。正是因為重視技術、加大技術研發投入，創業者站在更高的角度看未來，保持自己的公司時刻處在行業的最前列，公司才在自己的領域內保持了競爭優勢，始終立於不敗之地。Facebook 更是意識到了這一點。作為全球最大的社交網站，Facebook 在技術方面也不斷升級，這表現在軟體的使用上。其中一種軟體是 Memcached。它是現在網際網路最有名的軟體之一。這主要是一個分散式記憶體緩存系統，用來作為 Web 伺服器和 MySQL 伺服器之間的緩存層（因為資料庫訪問比較慢）。Facebook 每時每刻都有數 10TB 的資料緩存在 Memcached 的數千台伺服器上。它可能是世界上最大的 Memcached 的集群。近些年來，Facebook 提出了一些優化 Memcached 和一些周邊軟體的辦法。如壓縮 network stack。除 Memcached 外，組成 Facebook 系統的軟體還有另外八款，它們共同幫助 Facebook 實現了大規模運行。

Facebook 以一種很高的角度審視未來，極為重視軟體的支撐作用，並且已經做到了一定規模。Facebook 每月的頁面流覽量已經達到了 5700 億之多，照片量比其他所有圖片網站加起來還多，每個月有超過 30 億張的照片被上傳，系統服務每秒處理 120 萬張照片，每月還有超過 25 億條的內容被共用。這就是 Facebook 強大的軟體規模，看到這些再稱其為「全球最大的社交網站」也就不足為奇了。在電腦領域內，技術與應用發展更新極快，對其技術的掌握很難做到一勞永逸。祖克柏意識到這一點的重要性，從戰略高度分析問題，讓 Facebook 結合自身的發展，運用完善的軟體體系作為支撐，逐步占領了網際網路行業的高地。

祖克柏在創立 Facebook 之初就立足高遠的意識到，匿名制度已經不再對網路使用者有巨大的吸引力，他意識到實名制是大勢所趨，而且需要技術上的完善，這種眼光很具有前瞻性，讓 Facebook 在眾多的同類企業中脫穎而出。在 Facebook 上面，你必須對自己的信念抱有極大的信心和勇氣。這裡的一切與現實中沒有太大區別，你還是你，你要對自己的言行負責。而恰恰是這一點，讓人們不再隨意的傷害別人，也不再那麼容易被傷害。祖克柏站在行業的高處，目光高遠，總是能夠做出領跑全行業的超前決策，這種站在更高處，以全域角度制定發展戰略的思維方式，值得我們每一個創業者學習。從對於生意級別的劃分中，我們可以認知到站在更高處看未來的必要性：

（1）大生意做趨勢。

做趨勢如同雨前建塘，掌握將來的發展，做短時間內沒有競爭的產品，因為最具競爭力的產品是沒有競爭的產品。這種生意投資大、風險大，但是收穫也大。就像祖克柏就把社交網路實名制做成了一種大趨勢，讓 Facebook 一進入社交網路領域就占盡先機。

（2）中生意看形勢。

形勢，就是未來一段時間內的情形、走勢。形勢變了，生意也要跟著變。看形勢能及時地把握時事的動向，搶占先機。

（3）小生意看態勢。

小生意看的是常態，你做我也做。對剛創業的人來說，去市場上走走、轉轉，看看大家在做什麼，你也跟著做，就能把生意做下來。從態勢、形勢，到趨勢，反映了生意隨著大小不同會有不同的思路，也反映出站在更高的角度看未來對於創業計畫的實現有著重要意義。對此，香港首富李嘉誠說：「我的成功之道是：肯用心思去思考未來，當然成功機率較失敗的多，且能抓到重大趨勢，賺得巨利，便成大贏家。」李嘉誠的話和祖克柏的長遠戰略都值得創業者學習。

【青年創業路標】

鼠目寸光的人做不來創業者，即使在短暫的時間內取得了成功，這樣的成功也終究是曇花一現，很快就會被迅速崛起的後起之秀狠狠拍死在沙灘上。站在更高的角度做出戰略決策，對一個創業者和他的企業至關重要。市場一直在變化，用戶的需求一直在變化，國際環境也一直在變化，唯一不變的，恐怕就是變化從未停止過。站在更高的角度決戰未來，可謂是成功創業者的必備素質。

5‧收放有度，別讓你的信心脫了韁

　　人在成功之後，很容易得意忘形，因為成功的人大部分是很自信的，但是，自信一旦超過了適當的量，就會變成自負、自大，變得囂張跋扈不思進取，信心一旦脫了韁，就會真的像脫了韁的野馬，再也沒人能夠收回來，對創業的長遠發展有著極為不利的影響。祖克柏雖然年輕有為，擁有紅遍全球的 Facebook，但是沒有絲毫的恃寵而驕，他冷靜的保持著低調做人高調做事的風格，專心於工作，準確的拿捏著自信與自負的尺度，讓自己收放有度，不會信馬由韁。

　　祖克柏懂得收放有度的藝術，知道自信過於膨脹就會顯得有攻擊性。在朋友們眼裡，祖克柏是一個「科技宅男」，害羞、內向，如果遇到他不感興趣的話題，他就會一直回答「是的，是的」。他不會像其他一些自負的企業家那樣，聽到自己認為沒有意義的話題，就粗暴的打斷對方，祖克柏內心一直都有自己的想法，但是，他把這份信心拿捏得相當好，從來不會冒犯他人。

　　祖克柏也不會把自己穿得貴氣逼人，總是以簡單的連帽衫，鬆垮的牛仔褲，外加一雙愛迪達鞋的裝扮亮相，就像一個鄰家大男孩，陽光、簡單，沒有半點盛氣凌人的架子，見到他讓人覺得親切、隨和而且很舒服。在生活中，很多人都熱衷於對名牌服飾的追捧，並經常在人前炫耀自己的「奢侈品牌」，用價格來滿足自己的優越感和虛榮心，殊不知這其實是一種非常無知、自我膨脹的行為。這種脫了韁的自信，不僅失去了自我，無形中還給自己造成了更大的壓力。像祖克柏一樣謙虛謹慎，用內心的強大來顯示你的自信，是一種婉轉的生活態度。它可以怡情，

可以養性，還可以成為社交場上最有價值的入場券。這是一種「無欲則剛」的力量，是一種參透人生的清醒，是一種閱盡滄桑的感悟，更是一種包容與豁達的成熟。

有一次，當百度員工王子明親眼看到馬克·祖克柏時，他簡直不敢相信眼前的這個人就是自己的偶像。在他的想像中，祖克柏應該具有成功人士慣有的大牌形象，穿的是西裝革履，擁有別致的髮型，全身散發出一種領導者的霸氣。但是王子明還是激動不已地用英語大聲向自己的偶像打招呼：「你好，我是你的粉絲。」令他意想不到的是，祖克柏的臉居然一下子紅了，急忙輕聲回應了一句：「嗨。」祖克柏的靦腆與低調，讓王子明大發感慨。他說：「祖克柏看起來和一個普通的美國男孩沒有什麼兩樣。如果不認識他，就算他從你身邊走過，你都會忽略的一個人。」

祖克柏對自己的自信心收放有度，體現在很多方面，最具代表性的是他的住所，與他百萬身家很不搭的是他租來的一小間公寓，但是祖克柏的理由會讓所有人信服：住在這裡，我可以徒步上班，這對我很重要。再看祖克柏的汽車，他仍舊開著幾年前買的那輛黑色的本田雅歌，價值20600美元。祖克柏經常為了散心、緩解壓力而開車出去兜風。有段時間，祖克柏看上了鄰居開了35年的舊寶馬車。他在寶馬的擋風玻璃上貼了一張便利貼，寫上：「你的車賣嗎？」沒想到鄰居拒絕了祖克柏的購買，因此他就繼續開著自己的雅歌，沒有換成一部雙B名車來顯示自己的富有。

很顯然，祖克柏明白，自己的信心、自己的身價地位，不是靠房子汽車這些外在的東西能夠表現出的，更重要的是收放有度，讓自己的內心強大。祖克柏這樣低調也絕不是在作秀，而是他十分清楚自己要的是什麼。大多數人追求的金錢對於祖克柏來說，不是那麼重要，他最看重

的是自己的夢想，是 Facebook 的成長。

祖克柏這種收放有度的自信心，對於 Facebook 的長遠發展很有幫助，因為公司有了進一步的發展時，過度自信的思維就成了成長路上的嚴重障礙，很多公司不是請不起職業經理人，而是創業者不想把自己的管理寶座讓給職業經理人。祖克柏請來獨當一面的桑德伯格作為 Facebook 的首席營運長，可見他對自己的自信和 Facebook 發展的之間的關係，把握得很準確。關於如何幫助創業者把握自信心的尺度，應把握好以下幾點建議：

（1）讓員工幫助，合理控制你的自信心。

那種支配資源控制全域的感覺，很讓每個領導者精神亢奮，而成為一種「癮」。但其實，讓他們有這種「癮」的，不僅僅是他自身的占有欲與控制欲，更重要的是公司員工對這種個人英雄主義的崇拜與支持。海爾的總裁張端敏曾經說了這麼一句令人深省的話，「我現在最怕的就是整個公司的員工太相信我了。如果我選錯了路，往火坑裡跳了，那麼整個公司也跟著我往火坑裡跳了。」警惕員工對領導者權力的盲目崇拜，你才能遠離高處不勝寒的危險。

（2）讓自信心源自做更多正確的事。

公司發展壯大以後，創業者的一舉一動、一言一行都會對整個公司產生重大影響。因此，手中握有大權的領導人，一定要追求做正確的事情，並正確地做事。祖克柏在功成名就之後沒有首先想著購進豪宅名車，而是把 Facebook 發展作為一切選擇的第一標準，可見他明白只有在公司的發展中儘量的決策正確，才能讓自己保持長久的自信。公司的發展，永遠都排在創業者自身的利益之前。

其實，創業者帶領自己的團隊，正確的時候，和正確的人一起為正確的理由，努力取得正確的結果，才會擁有一趟賞心悅目的旅程。一路

上，他們依照正確的順序做正確的事，並且盡心盡力去做每一件事。這樣的公司會無往不勝。一個小公司要向大公司邁進，第一步就應當是創業者的自信心的把握。只有創業者謙虛謹慎、戒驕戒躁，並對管理上的個人英雄主義有深刻的意識，才能在公司進一步的發展中找到自己正確的位置，完成自己的角色轉變，而公司才能避免這種過度信任與服從造成的危機。

【青年創業路標】

自信過分的人好比困在籠子裡的一隻鳥，羽毛過長，很漂亮但飛不起來，失去了長遠發展的空間。而張弛有度的人就好比一隻沒有美羽，卻擁有靈活身形的鳥，天高任鳥飛。祖克柏就是一隻自由的鳥兒。2012 年，當他身價飆升到 200 億美元後，這位年僅 28 歲的富翁卻依舊過著普通人的生活，沒有半點的奢華，也從不浪費社會資源，這是他最難能可貴的地方。

如果一個人，過於自我膨脹，自我為中心，忽視他人，那麼他會失去很多，也會變得很庸俗，忘記了當初奮鬥的初衷。祖克柏用他獲得巨額財富後的冷靜淡泊，演繹著他輝煌燦爛的青年時光。他不僅在網際網路上是一位傑出的天才青年，在做人上，也產生著導向的作用。這是他最值得嘉獎和世人學習的地方。

6‧誠信是奠定江山的根基

　　社會生活中，人與人之間存在著錯綜複雜的利害關係，展開了激烈而殘酷的競爭。正因如此，人們之間少了真誠、坦率，多了虛偽、矯情，為人誠信這個做人最基本的品質，在爾虞我詐的商場上，竟然也變成了一種稀缺資源。在這一背景下，如果創業者本著誠信的態度為人處事，就容易獲得他人的信任和支持。所以，要想創業成功，就不能因為外部世界的偽善，而主動放棄誠信對待他人的做法，反而要以真誠換取人心，水到渠成地實現預期目標，用誠信奠定江山根基。

　　祖克柏對於誠信的理解極為深刻，他認為自己的產品要對於每一個使用者和線上開發者誠信，公平，這樣幾乎苛刻的要求給 Facebook 的員工帶來了很大的麻煩，也讓同事們很不理解。但是，這種誠信行為的長期影響和社會價值是不可估量的。關於 Facebook 的應用模式，儘管外面的世界有著種種現成的成功模式，開發團隊依然在一直重提原先的一個內部參考點。「我們一直在把相冊應用作為範本，」莫林說道，「我們一直在以這個應用為榜樣，一直在問『我們如何才能夠讓所有的應用程式都做到像相冊應用那樣成功？』」每個人的個人主頁上都有一個相冊標籤，點擊這個標籤就會把用戶帶向一個看上去像一個網站的新頁面。

　　誠信原則貫穿 Facebook 發展的始終，在 Facebook 上面當你上傳了一張照片，這個消息除了會在動態新聞裡向你的有關朋友發佈之外，還會在你個人主頁上的迷你動態中更新。開發團隊於是決定允許外部的開發者以相似的方式在個人主頁上增加標籤，在 Facebook 裡建構內置頁

面。使用者在任何應用程式上的活動，自然地也會產生動態新聞消息。但是基於對這個邏輯再深入一步思考，祖克柏得出了一個誠信公平的原則，即 Facebook 不應該在它自己設計的應用程式裡做任何外部開發者做不到的事情。這應該是一個公平競爭誠信開放的舞台。

祖克柏在 2007 年這樣解釋：「我們希望搭建一個不傾向於我們自己的應用程式的生態系統。」這個政策被執行得相當徹底，以至於連 Facebook 自己相冊應用裡的一些功能都被移除了，因為外部開發者沒有許可權實現這些功能。

Facebook 公司把誠信精神體現在它的新合作方身上。令人稱奇的是，祖克柏居然打算讓開發者用他們自己的應用程式賺錢，卻不會因為利用了 Facebook 平台而向他們收取任何費用。「人們可以自由地在這個平台上做開發，」大約就在平台亮相的時候，祖克柏這樣說道，「而且可以做任何他們想做的事情。他們可以在 Facebook 裡創業，可以貼廣告，可以有贊助商，可以做買賣，也可以連結到另一個網站。在這方面，我們是不可知論者。將會出現這樣的公司，它們的唯一產品就是嵌在 Facebook 裡的軟體應用。」

但這樣做會不會讓 Facebook 賺更多的錢呢？那不是一個優先考慮的問題。「只要這個平台能夠增強我們的市場地位，我們就不會強迫自己去問該如何快速利用這個平台賺錢，」祖克柏當時這樣說，「我們會在以後再來解決這個問題。」這是他的理解。不過他的一些同事，尤其是負責為網站賣廣告的，則勃然大怒。為什麼它的應用程式開發合作夥伴們會被允許在賣廣告方面和 Facebook 自身競爭呢？公司開了許多憤怒的會議，但是任憑同僚們如何宣洩他們的怒火，祖克柏就是不為所動，對於誠信的堅持讓他這次無論如何也沒有讓步。

關於應用程式上的活動，他堅持認為保持這種誠信公平的做法，會

讓 Facebook 產生更多的互動，由此會帶來更多的點擊率，而且即便在應用程式的頁面上，Facebook 也會為它自己賣的廣告保留廣告位。祖克柏也擁護企業進化論。他說他希望外部的應用程式能夠幫助 Facebook 保持誠信，並迫使它不斷地改善自身的應用來成功地與之相競爭。祖克柏的保持網站誠信的做法，在很多人看來不僅極端，而且不可思議。因為普通人很難理解祖克柏這樣堅定的維護誠信度的深刻用意。

網路的發展可以說是這個飛速發展的世界中，發展得最快的事物，它的變化總會讓很多既得利益者措手不及，Facebook 的出色之處在於對於實名制的堅持，而讓這種制度與用戶敏感的隱私問題之間保持平衡的，就是網站的誠信度。祖克柏很清楚的意識到這一點，所以他竭盡全力、排除萬難不惜做出重大犧牲，也要讓 Facebook 保持高度的誠信度，僅從這一份對於誠信的堅守來看，祖克柏的確很有大將風範。

祖克柏教會我們經營的時候要講究誠信，因為顧客喜歡承諾兌現，即使他們有點懷疑讓你兌現諾言會有多麼難。但你一旦兌現了諾言，那麼客戶就會非常滿意，並在心裡留下你的印記，使下次合作成為可能。可以說，履行承諾產生了經濟刺激，密切了商家與消費者之間的信任關係。祖克柏全面開放 Facebook 的開發平台就是這樣一種誠信的兌現諾言的行為。俗話說，人無信不立。「人言」為「信」，一個人嘴上說出的話，一定要真實；反過來說，嘴上答應的事，一定要實現，這叫信守諾言。守信、誠信是經商的大德，蘊藏著深厚的經營智慧和財富秘密。

【青年創業路標】

林肯曾經說過：「你能夠欺騙所有的人於一時，也能夠永遠欺騙一些人，但是卻不可能永遠欺騙所有的人。」一個人只有誠信才能立身，一個國家只有取信於民才能立國，一個產品只有誠信服務才能贏得消費者的認可……在任何行業、任何領域，從事任何活動，都要以「信」確立自己的地位。

為了保證自己的社交網站是一個誠信可靠的網站，祖克柏做出了很大的努力和犧牲，這需要全域思維和極大的魄力。創業的路上，維持誠信的困難可能會不斷出現，但是只要有這樣堅守誠信的決心，還有什麼困難能夠難倒你呢？

7‧用信譽為創業積攢人氣

企業的信譽是保證一個創業型的企業走得更長更遠的保障，一個公司的開始意味著一個良好信譽的開始，有了信譽，就有了人氣，自然就會有財路，這是必須具備的商業道德，就像做人一樣，忠誠、有義氣。對於自己每說出一句話、做出的每一個承諾，一定要牢牢記在心裡，並且一定要能夠做到。良好的信譽能幫助企業積攢人氣，讓用戶信任這個企業以及它的展品，為企業的長足發展奠定堅實基礎。信譽於 Facebook 而言，主要體現在它的開發平台的管理方面，這個平台的信譽程度好壞與否，關係著全球用戶的使用體驗，關係著用戶們對於 Facebook 的信任程度，也關係著祖克柏最為看重的——網站的人氣。

信譽問題是很多創業企業面臨的重大問題，在 Facebook 平台的第一年裡，遊戲和無聊應用程式的人氣持續飆升，不過公司也正在發現管理和維護它的開發商生態系統的治安並非是一件易事。由於任何人都能夠開發一個應用程式，這個平台吸引了相當一群不像祖克柏那樣理想主義，而是更為務實的，更著眼於賺快錢的票友，一些唯利是圖的開發行為影響著這個平台的信譽。

影響 Facebook 信譽的應用程式都非常精明，都善於製造能夠流向眾人首頁的新聞消息。有一個名叫「娛樂牆」（Funwall）的應用程式，它能讓你創造小動畫或把視頻下載到你的個人主頁上。這個功能本身並沒有問題，想法也不錯。但是它有一個陰險的介面，用模稜兩可的語言欺騙許多使用者向他們所有的朋友發送下載它的邀請。即使連高科技行業的專業人士也著了它的道，這樣半強制性的行為顯然有違祖克柏的初

衷，也對平台的信譽造成了很大的傷害。Facebook 一直試圖剷除這些垃圾發送者，並鼓勵更信譽的應用程式，但是意在懲罰不正當行為的政策變化，常常會損害到那些正當的應用程式。戴夫·莫林說：「我們不得不學會許多我們不明白的、關於開發者關係和政策制定方面的知識。我們有點像是在一路跌跌撞撞地學會如何和開發人員打交道。」

公司實施了種種的新規則，試圖維持應用程式秩序並且約束它們的行為，以保證平台的信譽，提升平台的人氣。公司呼籲使用者舉報垃圾應用程式；改變動態新聞的幕後程式，減少流向使用者動態新聞的應用程式消息的數目；聘請了業內的資深人士凌建彬（Ben Ling）來領導平台的架構。凌是一個身材修長，愛賣弄的華裔美國人，此前負責 Google 的線上支付平台。他是 Facebook 從 Google 挖到過的最高級別的雇員，管理層稱呼他為「搖滾明星」。凌建彬的到來無疑為平台的有序發展注入了強有力的推動力，但以他一人之力顯然還是杯水車薪，平台的信譽沒有得到根本上的維護。

到了 2008 年夏季，開發平台的問題已經徹底失去了控制。那時的 Facebook 平台簡直就像過去狂野的西部，Facebook 的信譽狀況堪憂。於是在那年 7 月份的第二屆 F8 大會上，Facebook 宣佈了一系列的精細改進和規則的改變，包括引入一個評分系統。如今 Facebook 能夠透過「核准」優秀的應用程式來淘汰垃圾應用程式。Facebook 希望鼓勵那些最有趣和有使用價值的應用程式。於是，雖然無聊的娛樂應用程式繼續大行其道，但相當多充實的和有內容的應用程式也確實得到了推廣。一個流行的應用程式叫「視覺書架」（Visual Bookshelf），它能讓你排列已經讀過的書，給它們評分，還可以寫短評。這樣有益於使用者的良性應用程式讓 Facebook 平台的信譽不斷提升。

經過祖克柏的苦心經營，多方維護，現在開發平台的生態系統已經

相當牢固，其中的應用程式都有著很高的信譽度，讓用戶可以用得很放心，也讓更多的人不斷加入其中，使得 Facebook 的人氣越來越旺，同時也帶來了極為可觀的經濟收益。對於創業者來說，要像祖克柏一樣保持自己企業的信譽度，

~~~~~~

【青年創業路標】

克服了眾多的技術困難還不是最難得，最為難得的是，祖克柏為了維護網站的信譽，而放棄了很多商人奉為畢生追求的金錢利益，將大量的應用程式帶來的利益，拱手讓與大家。這樣的胸襟給他帶來了很大的收穫，讓他從長遠上的戰略上占領了很有利的位置，為以後的發展奠定了堅實的基礎。

因為，任何錢財都是從人手中得來的，擁有了人氣，就擁有了一切。年輕的祖克柏早早的就明白了這一點，所以無論遇到什麼樣的阻力，他都致力於維護平台的信譽，保證人氣始終節節高升。這樣的戰略眼光是值得每一個創業者學習的。

facebook

Share 6——人脈可為錢脈鋪路

俗話説，做生意，實際上就是做人情。在創業過程中，良好的人際關係至關重要。祖克柏説：「專注於與所愛的人建立良好關係，沒有人能夠一臂擎天。偉大的友誼令生活富有樂趣和意義。」

1．人脈即財脈，密緻你的人際網

成功學大師戴爾·卡內基說：「專業知識在一個人的成功中的作用只占 15%，而其餘 85% 則取決於人際關係。」

人脈等於錢脈，關係等於能力，密緻的人際網就代表著無限的機會和你超凡的能量。在這個世界上，最有價值的商業真諦是：關係是能力，左右命運；人脈即財脈，界定窮富。

因此，聚財先聚人氣，掙錢先掙關係。一個創業者要善於做人情投資，有了密緻的人際網，就能在商場大行其道。左右逢源，才能永遠有飯吃，才能做大生意，這是人人皆知的道理，但卻不是人人都能做到的。

從這個角度來看，投資於人，守護個人的信譽，也是一種獲得財富的大道。透過投資理財實現財富增長，是真本事；不過，懂得投資於人脈，建立密緻的人際網，實現「錢找人」的目標，則是一種更高的投資境界。對於這一點，才是創業者成大事的大學問。

眾所周知，祖克柏的事業開始於哈佛那間狹小的宿舍，那時的室友們是他最初可以尋求幫助的人脈網。就是這些朋友，幫助祖克柏提出了很多珍貴的建設性意見，幫助他克服了很多技術性難題，同時，也給予了他的試水之作 Facemash 很多關鍵性的幫助。

祖克柏的室友克里斯·休斯（Chris Hughes）是個淺黃色頭髮的英俊小夥子，主修文學及歷史，對公共政策有一定興趣。另一間臥室裡住著莫斯科維茲和比利·奧爾森（Billy Olson）。勤奮的莫斯科維茲留著一頭爆炸卷髮，主攻經濟學，絲毫沒有文弱書生的樣子。而奧爾森是一個業餘戲劇演員，天性頑皮活潑，這四個性格迥異的大男孩，是祖克柏建立

密緻人際網的發端，在日後震驚世界的社交網路的發展中，他們幾乎都有著舉足輕重的地位。

通常來說，最堅實的人脈關係來自於最平凡艱苦的環境。三樓的這些小房間擁擠不堪，男生們生活在這裡，卻比住在更寬敞的環境時更加親密無間。祖克柏生性耿直，有時甚至坦率得毫無顧忌，這一點也許遺傳自他的母親。儘管寡言少語，他還是這群人中的領導者，這僅僅因為他經常領風氣之先。於是，直截了當就成了這個房裡慣有的交談風格，這裡沒有多少隱瞞的秘密。

四個人之所以能和諧相處，部分原因在於他們知道每個人堅持的立場。因此，他們非但沒有相互招惹嫌棄，而且還參與了別人從事的項目，互相幫助，關係緊密融洽。

緊致的人脈網來自於共同的追求，對於祖克柏他們來說網際網路是永恆的主題。莫斯科維茲幾乎沒有接受過專門的培訓，但天生熱愛電腦程式設計。對於什麼樣的線上服務有意義，什麼沒有意義，什麼可以打造一個優秀的網站，什麼對此毫無幫助，什麼會或不會不斷減少網際網路對現代生活各方面的影響，莫斯科維茲始終能巧妙地回答祖克柏。

剛開始，休斯對電腦還毫無興趣，但半年後他也開始沉迷於討論程式設計和網際網路，並提出了自己的想法，莫斯科維茲的室友奧爾森也經歷了這種轉變。隨著祖克柏提出一個個新的方案，其他三個男生知道祖克柏的下一個項目是在同年 10 月推出的 Facemash，這個網站讓祖克柏再次意識到人脈網路的重要作用。

祖克柏邀請用戶比較兩位同性同學的相片，指出誰的人氣更高。假如一位同學的評分等級更高些，那麼此人的相片就會用來與其他更受歡迎的學生做比較。祖克柏保留了自己當時的一篇日誌，出於某種原因他把這篇日誌和軟體放在一起。根據日誌記載，祖克柏的人際網在那時就

發揮了作用,是比利奧爾森提出了把人與人做比較的點子。據日誌所述,整個項目在經過了連續 8 小時的編寫後,於凌晨 4 點大功告成。祖克柏在繼續記錄 Facemash 的發展時這樣寫道:「該來點貝克啤酒了。」

朋友們的關注讓祖克柏的網站運行順利,2003 年 11 月 2 日是個星期日,那天下午祖克柏開始在自己那台接入網際網路的筆記型電腦上運行 Facemash 網站。在 Facemash 的主頁上有這樣的問答:「我們會因為自己的長相而被哈佛錄取嗎?不會。」「別人會評價我們的相貌嗎?是的。」祖克柏把網站連結發給少數朋友,然後聲明只想讓他們試驗一下,提出建議。而一旦朋友們開始使用,就有些欲罷不能。由此 Facemash 很快借助祖克柏強有力的人際圈的推廣,在未公開的狀態下一炮而紅。祖克柏的一個很好的朋友就住在他的隔壁寢室,這個男孩非常開心,因為在被關注的第一個小時內他的相片就在 Facemash 上排名為最吸引人的男生。當然,他也讓自己所有的朋友關注了這個網站,那些學生也開始登錄網站。

密緻的人脈網路效果顯著,因為當祖克柏晚上 10 點開完會回到房間時,他的手提電腦已經因為太多 Facemash 用戶蜂擁而至而當機了。就這樣在朋友們的有力支持下,祖克柏對於社交網路的嘗試首戰告捷,這為他日後向著這方面發展提供了源源不斷的動力。可以說,當年,朋友們鼎力支持 Facemash 的那個夜晚,為今天 Facebook 的如日中天奠定了堅實的基礎。祖克柏的這段經歷告訴我們,人脈網的重要性非比尋常。做生意就是做關係,創業不是一個人的事情,也要處理好裡裡外外的關係才能打開局面。處在一張緊密的人脈網路中間,自然有很多好處,那麼,要如何讓我們的關係網保持緊密呢?

（1）用人脈網調動一批人的積極性。

祖克柏在推廣 Facemash 的時候,他的人脈網可以說是帶動了一批

人對於這個網站的熱情。在創業的過程中，要懂得利用人脈網的力量，因為有一個裂土封侯的機會，許多人都會在舞台上縱情起舞，並動用身邊的關係和人脈把事情做到極致。這足以啟動一個人及其人脈網內的一群人的創意與積極性，也正是人脈網在密緻之後做事有效率的主要原因。

（2）密緻的人脈網能有效增強凝聚力。

在人脈網的環境裡，人脈管理是在長期、系統的思考之上確立的，目的是建構一個信任而和諧的環境，在關鍵時刻發揮其價值。因此，創業者利用好人脈文化，能夠讓整個團隊更有凝聚力。

（3）引導人脈網朝密緻方向發展。

對於中國的創業者而言，要深知中國員工善於建立人脈網，也是其文化習慣，改變不了。但是，人脈網文化可以變壞，成為派系，上有政策下有對策，搞潛規則；也可以成為效率之源，靠著「裂土封侯」的制度，形成密集化趨勢，變成強大的激勵。創業者的任務就是，發揮其積極的一面，限制其消極的一面，引導人脈網像密緻化方向發展。

人脈文化有著長期的歷史，而密緻的人脈網擁有強大的影響力。創業者要正視其有利有弊的兩面，做到趨利避害，發揮人脈網對事業發展最有利的提升作用。

～～～～～～～～～～～～～～～～～～～～～～～～～

【青年創業路標】

任何生意，做到最後都是人的關係。機緣巧合或是命中注定，祖克柏在哈佛時，就知道了這個真理，明白密緻的人際網的好處，並且把它運用得很好，讓自己事業的起步順風順水。

我們創業也是一樣，不要一開始就眼睛盯著蠅頭小利，不要忘了最重要的是結識每一個有能量的人。要有意識的將這樣的人，培養成為自己的人脈，主動密緻自己的人際網，因為人氣旺可以生財，所以人脈也就是財脈。人際網密緻了，財自然也就來了。

2・所謂人脈，就是在關係中找關係

人與人之間關係很微妙，在善於經營人脈關係的人手中，這是一股提升自己的強大力量；而在不善於經營人際關係的人看來，與人交往絕對是一件苦差事，讓他們覺得時間無比難熬，遠沒有自己單打獨鬥來得自在，這樣的人，注定是走不遠的。祖克柏在處理與人的關係方面很有天賦，他總能巧妙地發現關係中的關係，適時地挖掘出身邊人們的價值，為自己所用，並且，把這種在關係中找關係的思維，放到了自己的產品中去，為 Facebook 的誕生打了一劑催產針。

在 Facebook 創立之前，祖克柏就不斷創建出一些借助人們之間關係間接產生收益的小程式，其中有一個能幫助他快速強記「奧古斯都時代藝術」的考試內容，這門課他在第一學期裡幾乎一堂都沒有上過。快到期末的時候，他將課程有關的圖像拼成一連串的圖片，然後發電子郵件給其他班上的同學，邀請他們登錄局域網觀看這些圖片，用這種方式促進他們研究探討，並且在每幅圖片旁邊添加評語。評論全部結束後，祖克柏花一個晚上細讀所有評價，從中得到啟示，最後通過了期末考試。這次經歷讓祖克柏又一次很清楚地意識到，人與人之間的關係是多麼奇妙，又是蘊含著多大的威力。

等到 Facebook 正式啟動後，得到的強烈反響使祖克柏對它的發展充滿了信心。讓祖克柏有信心的是他的摯友還有這些摯友的朋友們，他們幾乎鋪蓋整個常春藤校園，這是一個巨大的人脈能量網，為 Facebook 邁出哈佛校園，走向更廣闊的市場提供了有利的保障。在這個時期，祖克柏的朋友們直接或是間接地幫助他弄清楚了各大學校園中學生、教員

和校友的電子郵箱是怎麼設置位址的,以便完成設定網站的註冊步驟。因為這些細緻工作的展開為 Facebook 的擴張提供了可能。任何阻力都沒有讓祖克柏的信心動搖,他一直深信自己精心設計的服務有立足和發展的資本,而且,他還有很多值得信賴的朋友。

祖克柏得到《華盛頓郵報》的融資也是透過一個間接的人脈關係,當時《華盛頓郵報》一位高層的女兒是祖克柏的大學同學,正是透過這位女同學的引薦和介紹,祖克柏才得以與《華盛頓郵報》的高層見面,然後得到了他們的高度青睞,這就是典型的透過關係找關係。這次融資為祖克柏帶來了及時雨,極大地幫助了 Facebook 的發展。這種發掘朋友的朋友掌握的資源、在關係中找關係的做法,為 Facebook 的發展開來了廣闊的天地,讓祖克柏的事業蒸蒸日上。

祖克柏對於朋友之間關係的運用,能夠給我們創業者的啟示是:創業實際上是投資於人,為錢所累的人是發不了大財的,一個人只有把創業真正作為一項事業,用心發掘能夠聯繫到的所有人力資源才是經商的最高境界。由此可以看出,經商其實是投資於人。

(1)賺取人心擴大人脈網。

韓國電視劇《商道》裡有一句話:「所謂的做生意,不是賺取金錢,而是賺取人心,並不是要獲得利潤,而是要獲得人心,賺取人心獲得人心,這就是做生意,到了那個時候,金錢自然隨之而來。像你現在這樣拚死追逐金錢,這不叫做生意,而是錢的奴隸。」祖克柏巧妙的利用現在好友的朋友來推廣 Facebook,就是平時獲取人心的有效回報。

(2)挖掘人才背後的人脈寶藏。

有一位管理學講師說:「辦公司就是辦人才,人才是利潤最高的商品,能夠經營好人才的企業是最終的贏家。」現代企業的競爭,歸根結底是人才的競爭,從這個角度來說,人才是企業之本。人才本身是一種

財富，而人才周圍所潛在的關係圈子則更是一座取之不盡的寶藏，創業要注重人才，就是讓我們不僅注重人才本身，更要好好利用人才背後的圈子，為自己的發展出力。祖克柏的大學同學就是這樣的人才，她能夠透過自己的手中的資源，為祖克柏帶來意想不到的巨額投資，所以，看人的時候一定要充分考慮這個人的人際關係背景。

（3）學會在關係中找關係。

成功學大師戴爾·卡內基說：「專業知識在一個人的成功中的作用只占 15％，而其餘 85％則取決於人際關係。」人際關係網具有輻射的特徵，也就是說一個有能力的人，很可能認識更多有能力的人。一個創業者要創業成功，就要先善於做人情投資，充分發掘與現有人際網相聯繫的人力資源，能夠充分利用關係的關係，就能在商場大行其道。

【青年創業路標】

所謂人脈資源，就是把自己手中掌握的現有資源進行無限的連結，連結到與這些資源有關的更多的資源為己所用，也就是發掘關係中的關係。Facebook 作為祖克柏的一種探索成果，在對哈佛校園產生一定影響力後他開始借助朋友和朋友的朋友的幫助，努力地將它推廣到各個學校，以達到對市場更大範圍的占有。如果 Facebook 只是局限在哈佛校園裡，那網路社交不會流行開來，也不會對世界產生如此巨大的影響，我們也就不會熟知馬克·祖克柏的名字。

因此，在一種新勢力推廣的過程中，勢必會遇到諸多困難與阻礙，如果就此停滯不前，將會斷送了一個燦爛的明天，而如果想盡辦法透過關係找關係，化解困難，堅持下去，則會讓成果被需要它的人所喜愛，沿著時代的軌跡發展下去。

3 · 慧眼識人，發現能夠幫助你的貴人

在 21 世紀這個知識時代，人才是關鍵。能夠發現有助於企業發展的貴人，需要一雙智慧的眼睛。對於企業來說，優秀的員工是核心，是公司發展的貴人，一個人才匱乏的企業是無從談發展的。比爾 · 蓋茲說過：「一個公司要發展迅速得力於聘用好的人才，尤其是需要聰明的人才。」強將手下無弱兵，選好人，用好人，用對人，帶出一批精兵強將是創業者的頭等大事。你的公司就好比一個小分隊，是由各色各樣的人組成，他們都有自己的看家本領。身為創業者，你要做到對部下的能力、個性、習慣瞭若指掌，做到適才適所，使內在的潛力得到充分的發揮，慧眼識人，發現能夠幫助你發展的貴人。有了貴人相助，公司才可能做大做強。

公司進入快速發展階段，Facebook 需要進入一個兼職顧問。傑夫 · 羅斯柴爾德成為了最好的人選。傑夫是一家大型商務軟體公司 Veritas 的創始人之一，他對資料中心有深刻的瞭解，而且 50 歲的他成熟、有經驗。祖克柏意識到，傑夫能夠幫助 Facebook 預防諸如 Friendster 公司崩潰那樣的危機。說服已經退休的傑夫加入 Facebook 是不易的。但是被祖克柏的慧眼看中的貴人，無論如何也要請到。

傑夫聽到祖克柏一番耐心的勸說後說：「我以為這些傢伙創建的是一個情侶約會網站，但是一旦我瞭解到祖克柏的遠見，我就意識到這個網站和 My Space 並不一樣。它並不是一個約會網站，而是與你的朋友們保持聯繫的最有效率的方式。」就這樣，祖克柏將經驗老到的傑夫招至麾下，這樣一位貴人的到來，無疑為 Facebook 的發展注入了強勁的

推動力。

　　出於同樣的目的，Facebook 又說服了另一位貴人羅蘋‧雷德的加入，她是一位頂級獵頭，能為 Facebook 找來更多幫助其發展的貴人。當羅賓初次沿著畫有塗鴉的樓梯，來到 Facebook 位於帕洛阿爾托的辦公室，準備見祖克柏時，她卻發現門大開著，空無一人。她沒想到，卻在公司屋頂上見到了祖克柏。這是個好場所，羅蘋爬出窗外，來到平台。祖克柏懇求她答應幫公司找到一個主管工程技術的副總裁。她覺得那兒的風景非常迷人，於是便答應了。慧眼識人的祖克柏總是能想出一些點子吸引新員工的加入，身為資深的人力資源專家，羅蘋也是一位重要的貴人，因為她會在以後的日子裡，為 Facebook 招募進來很多有識之士。

　　Facebook 在管理人才過程中，也有很多獨到的地方。對剛應聘進公司的員工來說，新人就是一個裸人，不管原來是 CEO 還是重要的管理者，都要從基礎做起。有幾個谷歌的工程師跳槽到 Facebook，其中一個曾經是街景項目的總監。但在最初的兩個月，他和一個普通的技術員沒什麼兩樣，他在寫代碼，原來的職務對他現在的工作沒有一點影響。而半年後，因為他的能力出色，就被 Facebook 任命為一個秘密項目的經理。

　　在不斷進行人才優化的過程中，祖克柏也更加深入地意識到人才就是企業發展的貴人，對於 Facebook 是最好的一副湯劑，能夠讓 Facebook 逐步地走向行業的頂端。為了獲取優秀的人才，他不惜採用收購其他企業的方式。祖克柏曾在由美國風投機構 Y Combinator 舉辦的「創業學校」會議上回答一位聽眾提問時表示：「Facebook 收購一家公司並不是為了這家公司本身，而是為了獲取優秀人才。」例如，Facebook 收購矽谷社交網路聚合服務 FriendFeed 讓很多人頗感意外，但是醉翁之意不在酒，其實 Facebook 真正的目的是網羅人才。

　　由此看來，Facebook 之所以收購 FriendFeed，就是因為把 FriendFeed

的人才當作了 Facebook 的貴人。它收購 FriendFeed 就是為了挖人才。馬克·祖克柏對這一事件說：「自從我第一次試用 FriendFeed，便很欽佩他們的團隊能夠創造出如此簡潔、精緻的服務幫助人們分享資訊。收購 FriendFeed 後，我們的文化將繼續把 Facebook 打造成為優秀工程師的聚集地，並盡快為使用者開發服務。」透過收購含有人才資源的企業確實是 Facebook 最為快捷的獲取人才的方式。收購帶來的不僅是原有企業的一些優良技術，更重要的是 Facebook 占有了原有企業的人才資源，這是 Facebook 最為根本的想法。由於幾次收購給 Facebook 帶來了巨大的收穫，所以祖克柏在 2011 年加大了收購力度。因為公司需要更多的人才來開發其網站的功能。

人才，對任何一個領域都是非常重要的。在競爭激烈的網際網路中，有才能的人顯得尤為重要，並備受青睞。Facebook 在收購中找到了能夠運行自己產品，並真正擁有長遠目標的人。這不僅促進了 Facebook 更大的發展，而且使其在未來的競爭中獲取了更大優勢，為企業的人才吸收創造了條件。現代社會，人才的競爭越來越激烈。企業辛辛苦苦招來的人才經過一番培訓到頭來卻被別人挖了牆角，這其中的損失往往是不能用經濟來衡量的。所以領導者一定要有慧眼識人的功力，更要注重優秀人才的引進。

創業者要給優秀人才大顯身手的舞台，讓他們有事業的成就感。要創造良好的生活環境、工作環境、人文環境，努力做到待遇留人、事業留人、感情留人、環境留人。這樣才能使優秀人才聚攏到你的麾下。祖克柏為了讓更多的人才聚集到自己的公司，想盡了各種辦法。這樣一家優秀的企業為什麼能夠長期保持在行業頂峰呢？歸根結底就是擁有人才。有了優秀的專業人才為企業創造價值，Facebook 才變得如此強大，堅不可摧。因此，作為創業者，要想讓企業獲得良好的盈利能力，離不

開有功之臣的付出。這些人才是公司發展的貴人。換句話說，創業者必須努力找到最好的員工，留住最好的員工，讓他們奉獻自己的才智。慧眼識人找到企業的貴人，必須遵循下面八個原則：

（1）公開原則。公開原則一方面給予社會上的人才以公平競爭的機會，達到廣招人才的目的；另一方面使招聘工作置於社會的公開監督之下，防止不正之風。

（2）競爭原則。競爭原則指透過考試競爭和考核鑑別確定人員的優劣和人選的取捨。對考核成績優秀的人員進行吸納，可為錄用。

（3）平等原則。平等原則指對所有報考者一視同仁。不能靠特殊人際關係而吸納用材，不能有類似偏袒的不平等行為。不論是後來招募的新員工，還是最初的創始元老，祖克柏都一律平等，給予股權，這充分顯示了祖克柏對待貴人的平等原則。

（4）能級原則。能級原則是指承認人的能力有大小，本領有高低，工作有難易，要求有區別。對那些能力突出的人進行重用，對能力一般的人交代難度係數低的工作。在 Facebook，最初的時候大家都從基層做起，但是三年之後有人成為專案經理，有人則依舊表現平平，這就是能級原則最好的詮釋。

（5）全面原則。全面原則指對報考人員從品德、知識、能力、智力、心理、過去工作的經驗和業績進行全面考試、考核和考察。

（6）擇優原則。只有堅持這個原則，才能廣攬人才，選賢任能，為企業引進或為各個崗位選擇最合適的人員。

（7）效率原則。效率原則指根據不同的招聘要求，靈活選用適當的招聘形式，用盡可能低的招聘成本錄用高品質的員工。比如祖克柏花費很多精力也要招聘到傑夫‧羅斯柴爾德和羅蘋這樣的貴人為自己效力。

（8）守法原則。人員招募與選拔必須遵守國家法令、法規、政策，在聘用過程中不能有歧視行為，不能有任何違反法律規定的行為。

企業的發展離不開「人」。再偉大的戰略，都需要人去執行；工作中的細節，也需要普通員工去執行。因此，找到稱職的人才，發現企業的貴人，對創業者來說就是招財。

【青年創業路標】

如果你想修長城，人才就是基石；如果你想建大廈，人才就是棟樑；如果你想辦企業，人才就是你成功的保證。如果你想把企業做大，不想當一個小老闆，那就必須重視人才，用智慧的眼睛發現人才，並把人才當作企業的貴人。無論做什麼事業，人才都是成功的保障，人才都是企業的貴人。

古今中外，治國也好，治企也好，得人才者得天下，失人才者失天下，這是一個誰也否認不了的真理。21 世紀，幫助你發展更好的人才就是你的貴人。沒有好的人才，沒有發現你的貴人，就沒有企業的未來。精挑細選才能找到合適的人才，才能為企業發展儲備足夠的優秀人才。

4 · 你有被利用價值，人脈自動找上你

　　有價值的人就像是一個強大的能量的漩渦，會讓各種優質的人脈自然而然的向他靠攏。創業要想成功，就需要創業者本身有很強的能力，是一個對身邊的人很有用的人，是一個能為周圍人帶來機會的人，是一個本身就代表著極高價值的人，為此領導人必須加強個人修養，不斷提升自己的價值，從而成為一個合格的領路人。在創業的道路上，創業者保持自身具有很高的利用價值最重要。這樣，人脈不必費心鋪設，也會自動找上門來。祖克柏就是這樣一個具有著強大吸引力的人，他的才情為他帶來了意想不到的機會，讓萬般挑剔的人才也對他心悅誠服，他紅紅火火的 Facebook 為他帶來了超乎想像的優質人脈，以及慷慨大度的資金支持。

　　祖克柏在 Facemash 風波後，納倫德拉在《哈佛深紅報》上讀到了 Facemash 的報導，他對祖克柏在網路方面的才能印象深刻，覺得他們的一些很不錯的想法，只有透過這個年輕人，才能較為順利的實現，於是，納倫德拉找到祖克柏幫忙，請他為這個服務構想編寫程式。雖然這件事的結尾是眾所周知的不愉快，但是，正是因為祖克柏卓越的電腦才能，才讓他人關注到自己，也為了祖克柏日後發展 Facebook 奠定了基礎。

　　隨著 Facebook 的經營漸漸步入正軌，公司發展對人才的需求日益增加，但是，能夠滿足祖克柏需要的人才顯然也是其他各個大公司炙手可熱、爭相爭奪的，這樣的人為什麼一定要在祖克柏麾下工作而不去他處呢？祖克柏這次選擇用他的實力說話。有一個高級職位，他瞄準的第一批人才之一是馬特·科勒——雷德·霍夫曼的左右手。祖克柏看中

了他身上的綜合素質。他天生聰明，擁有解決網際網路突發事件的良好經驗，社交手腕極佳。科勒以高分畢業於耶魯大學音樂系，所以他與Facebook這群哈佛出身的創建者們相處肯定沒問題。他甚至擁有國際經驗，曾經在中國住過一段時間，並在那裡為一家網際網路公司工作。他在Linkedln公司做得不錯，當時該公司被視為矽谷初創公司中最炙手可熱和最有前途的公司之一。

科勒與很多朋友談及此事，試圖分析清楚他是否有必要認真考慮祖克柏提出的邀請。他當時大概有28歲——不再是20來歲的大學生了，甚至曾在諮詢巨頭麥肯錫工作過。他並不是一個行事衝動的人。科勒打電話給他在普林斯頓讀大學的弟弟，詢問他是否知道有Facebook這東西。

「結果回答是，『靠！』好似我問的是，『你們在普林斯頓有電嗎？』」科勒回憶說。雖然Facebook在年輕人中間的普及率讓他覺得驚訝，但他覺得很難相信Facebook所宣稱的資料。他問祖克柏，能否允許他親自花一些時間深入瞭解伺服器的資料庫。結果，科勒被瞭解到的情況嚇了一大跳。顯然再華麗的言辭也沒有實實在在的資料有說服力，隨後，他和祖克柏很快達成了一個協定。當時公司每人每年可分得65000美元，還有數量不菲的股票，這對科勒來說也很重要。

科勒深信Facebook會做大做強。他對Wirehog毫無興趣，他的任務是做必要的工作，使Facebook成為一家真正的公司——他後來是這麼說的，他的工作是成為祖克柏的「智囊」。這一次，祖克柏用Facebook強大的資料證明了自己的實力，無須贅言，真正的人才都是有眼光的人，他們當然也知道投身於什麼樣的公司才能有長遠的發展。

到了公司需要融資的階段，祖克柏的個人魅力，他超越年齡的成熟的商業眼光，以及在其團隊管理下蒸蒸日上的Facebook，再一次為他贏

得了極度優質的人脈，還有這些主動靠攏的人脈帶來的滾滾財源。這次主動找來的人脈借助的是一個間接的人脈關係，克里斯·馬（ChrisMa）的女兒是祖克柏在哈佛的一位朋友，克里斯是華盛頓郵報公司收購和投資部門高級經理，該公司也是美國最偉大的報紙之一《華盛頓郵報》的母公司。克里斯的女兒極力勸他瞭解一下 Facebook，在 2004 年年末，他和一名同事坐飛機前往加州。那次拜訪帶來了不錯的進展。1 月份，祖克柏和祖克柏飛往華盛頓，在《華盛頓郵報》的辦公室繼續商討，看兩家公司是否有可以一起合作的方式。

祖克柏向《華盛頓郵報》首席執行長葛拉漢說明了 Facebook 的情況，葛拉漢回想起當時的情景說：「我認為這簡直就是一個令人驚歎的商業點子。」他感到吃驚的是用戶每天花費如此之多的時間在 Facebook 上，祖克柏也讓他感到有些驚奇。

「祖克柏有些靦腆，」葛拉漢繼續說道，「比如說，你說了某句話後，他一般會停頓一下，想一會兒，再做出評論或回應，但他在那次談話時說的每句話都有一定的道理。對於一個 20 歲的小夥子來說，他給人的印象極為深刻。」

在他們談話中的某個時刻，葛拉漢自然而然地提出了一個建議，他自稱是絕無僅有的一次提議。他描述了當時所說的話：「馬克，最終，你大概不會接受這樣的條件，但如果你想要一個非風險投資的投資方，或是想要一個不會向你施壓的投資方，我們或許有意向為你的公司注資。」

同樣的志向讓祖克柏與《華盛頓郵報》的公司首席執行長丹·葛拉漢深感投緣，他們對於理想有著同樣的堅持，雖然所從事的事業不同，但是兩個忘年之交很容易就達成了共識，這一次，祖克柏贏得的是一次不必擔心讓自己的公司偏離航向的融資，是一次友善的幫助。

本身具有極大的利用價值，是人脈自動向你的方向聚攏的秘訣，要想成為一個像祖克柏一樣極具價值的創業者，獲得源源不斷的人力和財力資助，必須有一套看家本領才行。否則，你撐不起檯面，就無法把自己的事業一步步做強做大。沒有金剛鑽別攬瓷器活。一個人要想創業成功，不是那麼容易的，掌握處理關係的一般原則，能夠做到別人不容易做好的事情，擁有常人不具備的才幹和遠見卓識，讓自己成為一個極具利用價值的人，那麼你就吃開了，真正實現了獨樹一幟，人脈自然會紛紛聚來。

【青年創業路標】

有能量的人就像太陽，光熱無窮，為了得到太陽的光照，無數的生物會主動向著太陽的方向生長。做一個對他人有大用處的人，不必刻意的尋求什麼人脈，這些聰明的人自會主動的向你的方向靠攏，因為沒有人不想要共贏的合作，沒有人不想要互利互惠的發展。

5‧恰當處理與政府的微妙關係

　　企業與政府的關係永遠都是很微妙的，小企業需要政府的扶持，這是被動的；而大的企業，能夠對世界發展產生影響的大企業，則是政府主動的尋求它的幫助，主動借它的便利，主動利用它的影響，這與被動的接受政府援助顯然是完全不同的層次。當然，現在很少有人能夠把企業做到像祖克柏那麼影響力巨大，但是，朝著這個方向努力，並在榜樣的示範中，學習如何處理與政府的微妙關係，依舊是很有必要的。

　　Facebook 的成功讓美國的很多政界人士愛不釋手，巴拉克‧歐巴馬就曾嫻熟地運用 Facebook 來為 2008 年總統大選造勢。Facebook 創建人之一的克里斯‧休斯甚至讓公司為造勢活動的線上策略團隊提供一個較高級別的帳號角色，讓歐巴馬有個龐大的 Facebook 頁面，整個造勢活動中集結了數十萬粉絲。另外，本地各個區域的歐巴馬造勢運動組織者，邀請支持者加入他們自己的群組，調動起當地選民中的大批支持者。

　　歐巴馬如此嫻熟地運用 Facebook，以至於有人戲稱 2008 年大選結果為「Facebook 之選」。尼克‧克萊蒙斯是希拉蕊‧柯林頓選舉造勢運動指揮官，成功地在新罕布夏州和其他幾個州取得了初選成功。因為 Facebook，他感到處於不利地位。「在競選活動中，我們明顯感到了差異，因為歐巴馬正在使用那些工具，」他說，「有人說『我』要為歐巴馬搖旗吶喊，意味著他在 Facebook 上發動 30 個朋友，如果其中 5 個人轉發，人數還會成倍增長。他們早於任何人熟知了這項技術，能夠從一代先前從不參加選舉的人那兒凝聚力量和承諾，與此大有關聯。」歐巴馬仍是 Facebook 上最受歡迎的政治人物，到 2009 年末，他的頁面上有

700 萬支持者。

因為 Facebook 便捷好用，許多政府機構樂意把 Facebook 作為便捷的溝通工具，事無巨細，用它和員工、市民保持緊密聯繫。2008 年 9 月初，颶風古斯塔夫襲擊路易斯安那時，針對災區用戶，在首頁頂端發出了一個特別通告，邀請災區用戶用一個標明他們人身安全的記號更新自己的 Facebook 狀態。

政府機關用 Facebook 協調聯邦及州立機構，提供災區民眾需求的即時資料。當未來災難來臨時，Facebook 仍打算使用這個計畫。2009 年歐巴馬的就職典禮舉辦時，有幾千人無法進入會場，被困在華盛頓一個地下管道裡長達數小時之久。事後，有人建立了一個 Facebook 群組，名叫「紫色隧道劫難生還者」，成員迅速達到 5000 人。此後不久，負責就職典禮安保工作的美國參議院警衛隊中士，特倫斯訪問了這個群組的 Facebook 頁面，寫了一封長長的致歉信，並和幾個那天被困地下通道的人進行了線上交流，Facebook 此事成了政府緊急情況的新聞發言平台，擔任著及時疏導群眾情緒的作用。

如今，透過 Facebook 上的交流來解釋各項政策，正在成為政府例行工作的一部分。紐約衛生部想要透過推廣使用安全套防止愛滋病傳播。他們在 Facebook 上開設了一個頁面，開發了一個小應用軟體，允許用戶互相傳送一個叫做「電子安全套」的圖像。美國海岸警衛隊指揮官外出時用手機更新 Facebook 狀態，美國派駐伊拉克軍隊最高級將領在 Facebook 頁面上回答使用者提問，告知他們美國軍隊在伊拉克的各項活動。白宮工作人員將歐巴馬總統的新聞發表會現場內容逐條整理，即時放在 Facebook 上，允許用戶對每件事實評論。甚至沙烏地阿拉伯的資訊產業部長也在 Facebook 上開設頁面，允許記者加入友鄰，接受訪問邀請，發佈資訊。如今，政府官員們在 Facebook 上談論延長駕照期限的

可行性，或者交流其他方面的問題。

　　Facebook 用自己強大的影響力，為政府機關工作帶來無盡的便利，甚至在某種程度上改善了政府的工作條件。這樣當然也給 Facebook 本身帶來很多便利，試想，一個幫助總統候選人坐上第一把交椅的公司，它在這個國家的發展前景，該是多麼的廣闊！但是，任何事情都要針對問題具體分析，一個新成立的企業，要與政府打交道，當然很多人是不會有祖克柏那樣強大的 Facebook 作為後盾的，所以，如何與政府相處，就是一門很需要研究的學問。剛創業的你與政府有關部門打交道，是一件很複雜微妙的事情。因此打交道時必須講究藝術，切忌死板，僅提出以下幾個問題供年輕的創業者參考：

　　（1）擺正關係：你的企業和國家畢竟是一種依屬與被依屬的關係，這種關係永遠不可改變。因此你要異常明確自己的位置，清楚自己所處地位，擺正企業與國家關係的位置，說話辦事要依據實際情況而行之，切忌「越位」。一些創業老闆考慮問題時總是從自身利益的角度去出發，只要於己有利的事情，毫無顧忌地就去做，後果自然不堪設想。我們頭腦中應有一種從全域出發的觀念，要設身處地為政府多想想，要考慮到政府的為難之處。

　　（2）要求適中：政府許許多多的政策、法令及法規都為你的經營活動指明了大方向，當然，在政府明文制定的政策、法令及法規中，可能會有覆蓋不了的細枝末節，如果此類的細枝末節影響到你企業的合理利益，你可以向政府提出，相信政府會給予有效的解決。但是，如果你所提要求超越了政府明文規定的制度，而且過多、過高，那麼政府很有可能會給予拒絕。忽視這一點便要碰壁。所以說：要求不要過高，過多過高的期望是行不通的！

　　（3）「抗爭」合理：你要服從政府，這一點我們非常明確，但這

並非絕對。當你的企業發展中的合理合法利益與政府的某些環節發生衝撞時，你要爭取主動甚至主導地位，使政府接受你的意見。要想達到這一點，你的「抗爭」方式要有理有節，使政府感覺到很正確而且很應該。因為政府與你的根本利益是並行不悖，正確的意見、合理的意見政府是能夠並願意接受的。

（4）「等距離外交」：中國的政府機構是異常廣大和複雜的，在整個政府職能的運轉過程中，每個職能部門都產生著不容忽視的作用。如果你與政府各職能部門交往時不做「等距離外交」，那麼就難以避免地產生顧此失彼的結局。而對政府機關的工作更要一視同仁，道理同上面是一樣的，不然也會產生類似的結果。

（5）富有耐心：如果自己企業的要求是合理而且正當的，那麼相信問題一定會得到圓滿的解決。因為問題的解決往往需要一個過程，對於複雜問題來說更是如此，故而，我們不能過於心急，要富有耐心。

這些要點是在處理與政府關係的訣竅，雖然我們沒有祖克柏的影響力，但是起碼我們可以學習他的主動性，為政府提供便利，同時也讓自己的發展更加順暢。

【青年創業路標】

政府的職能結構永遠處於一種動態系統，經常會對現有法規政策進行不同程度的修改和變動，以及制定一些長期目標和近期計畫。處在這樣的環境中，商人若想取得商業上的成功，就必須時刻注意關心國家政府形勢的變化，對政府各種政策的深層次含義及趨勢有一種清醒、透穩的認知。只有這樣做，才能時刻走在經濟發展的前頭，才能把握住千載難逢的商機，充分地挖掘由政府政策調整而帶來的種種發展可能，從而使你的企業化機會為財富，化不利為大發展，始終在大方向上保持先人一著的優勢。

6 · 你必須懂得商業關係中的「潛規則」

　　人際關係是一門微妙的學問，很多時候，有一種只可意會不可言傳的玄機在裡面。人與人的交往，表面上有很多成文的規則可以遵循，但是，事實上，要成大事，除了遵循這些常規的規則之外，一些不為常人熟知的「潛規則」更要知道，運用得好，才能找到合適的人脈，才能發掘到適合自己的合作夥伴。一個創業者要想把自己的企業做大做強，就要充分瞭解這些「潛規則」，瞭解人際關係在不同環境下的處理方法，如此才能「對症下藥」。創業者只有掌握「潛規則」的奧妙，才能維護好人際關係進而開發自己產品的銷路。

　　將世界聯繫在一起，這是祖克柏的願望，也是他創立 Facebook 的初衷。如果將中國這十幾億人口排除在外，那又怎麼稱得上將世界聯繫起來呢？因此，祖克柏就此成為了中國與 Facebook 的聯結者。2010 年的中國之行，充分體現了祖克柏對於人際交往「潛規則」的運用：含而不露，在無形間找到一種契合點；不下定論，為今後與各方的發展都留足空間。

　　每年的 12 月，祖克柏和華裔女友都要出門旅遊。大概是因為他有一個可愛的華裔女友，祖克柏似乎對中國格外有好感。2010 年，祖克柏和女友把目的地定在了中國。為了來中國，祖克柏真是下了不少苦功夫，第一關就是學中文。祖克柏雖然精通好幾門語言，但是從未學過中文。一直到遇見女友普莉希拉陳後，他才開始學習一些漢語知識和技巧。這次，為了來中國，祖克柏把女友當作自己的中文老師，開始惡補中文，他堅持每天清晨朗誦中文。另外，她還跟女友學習了許多中國的習俗和

禮儀。他全心全力地為接下來的中國之行積極準備著……

2010 年 12 月，祖克柏和女友普莉希拉到達了北京，他們參觀了北京的名勝古跡，拜訪了普莉希拉的各位親友。表面上，馬克·祖克柏來中國只是來陪女友探親遊玩，其實祖克柏和女友的中國行並不是那麼簡單，他的這次中國行幾乎完全是遵照著商業「潛規則」的一次巡迴式的商業拜訪。

在商業社會中，流傳著這樣一句話：「大生意做趨勢，中生意看形勢，小生意看態勢。」祖克柏就是一個懂得看趨勢的大生意人。因此他在中國的旅行，不僅參觀了古跡，還參觀了幾家知名企業，並拜會了幾位同僚。在旅行的最後四天裡，祖克柏與四大 IT 巨頭——百度李彥宏、中國移動王建宙、新浪曹國偉和阿里巴巴的馬雲進行了會面和交流。不難猜出，這或許才是祖克柏來到中國的最大目的和期待。

祖克柏首先參觀了新浪。新浪創始人、首席執行長劉大衛看到祖克柏本人後，見他和自己一樣，也在用 iPhone，穿著和自己差不多的衣服、差不多的牛仔褲、一樣的球鞋，顯得格外平易近人，他感覺祖克柏和一個普通人沒什麼兩樣。

劉大衛很關注祖克柏這次來中國的舉動。他揣摩說：「聽說比較多是一種初步的交流，但我相信有長遠的目的。」但是劉大衛覺得 Facebook 進入中國會很難，「因為他做的是 SNS，Google 只是一個資訊的服務，社交的服務可能會更敏感一些。」而且，劉大衛一直認為 2007 年底祖克柏接受李嘉誠 1.2 億美元的投資，背後必有玄機。祖克柏很可能是想透過李嘉誠進入中國市場。

拜訪完新浪，祖克柏又馬不停蹄地飛往了杭州，拜會馬雲。馬雲其實和祖克柏並不是初識，早在祖克柏剛開始創業的時候，馬雲就在達沃斯見過他，現在已經是四五年的好朋友了。在馬雲眼中，祖克柏是個對

全世界和全人類都很負責的一個人。因此，他很理解祖克柏這次來中國的目的，也很配合祖克柏不表明來意的態度。馬雲善解人意地說：「人家就是來旅遊度假的，我們都是幾年的朋友了，不能給人家添亂，現在的很多事情不能往外說，否則人家會感覺我們在炒作。」

　　雖然馬雲這樣說，但是一些知名的網際網路專家卻看得很清楚，他們一直覺得祖克柏來中國並不那麼單純。既然 Facebook 的宗旨是讓世界人聯繫到一起，那麼祖克柏就一定不會放過中國這個巨大的市場。至少他這次來中國是想看看中國目前網路的發展狀況。著名商人李嘉誠說過：「做生意不應該自己設限，在能力所及的範圍內，只要賺錢就可以進入。抓住每個行業盈利的最佳時機，大膽投資，生意才能像滾雪球一樣越做越大。」祖克柏探索中國市場也是這個道理。他非常清楚中國市場是個極具誘惑力的市場，他也曾公開表示：「如果你遺漏了 13 億人的市場，還如何能連接整個世界？」伴隨著經濟全球化趨勢的增強，開發中國市場將成為一個必然趨勢。

　　中國，對祖克柏有著特殊的意味，不僅僅因為他有一個華裔女友，還因為這裡有全世界最多的網路使用者，祖克柏深知這個巨大的市場是絕對不能被繞過去的。抓住了這個 13 億人口的市場，就意味著 Facebook 將再次產生新的突破。為了突破這個巨大的市場，祖克柏在勇敢的進行著嘗試，但是，他並沒有像一般的商人那樣早早就定好了合作夥伴，但求穩定，萬無一失。祖克柏是一個熟知「潛規則」的人，在與中國網路這路菁英接觸的時候，他只很含蓄的、恰到好處的表示了自己意欲來華發展的意思，但是關於和哪一家公司合作這種敏感的問題，祖克柏是隻字不提的。

　　這樣一來，不僅為將來進軍中國市場留足了空間，還可以讓各個公司為了爭取與 Facebook 合作而不斷的改進提升自己，待到 Facebook 真

正大駕降臨的時候，等待它的可能是比現在更好的合作環境，這種對於商業「潛規則」的熟練運用，可以說是祖克柏把 Facebook 做大做強的一個有力保障。

～～～～～～～～～～～～～～～～～～～～～～～～～

【青年創業路標】

成功是沒有極限的，只要有卓越的眼光，懂得平常人難以察覺的奧妙，巧妙地運用「潛規則」，就能夠不斷地超越自己。就像祖克柏一樣，即使在功成名就之後，依然保持著挑戰的熱情和謹慎的態度，依然時刻準備著向更高遠的目標衝鋒奮進。

有偉大抱負的人，總是會默默地為要實現的目標去努力，同時謹慎的遵守著明面上的規則以及一些不為人知的「潛規則」。在做決定之前要做好充分的準備，權衡好利弊，考察清楚事態之後再行動，只有這樣，做事才能有把握，有保障，進而才能成功。

facebook

Share 7——優質的戰略保固事業長久

凡事都講究一個策略，有勇無謀的創業者，只能壯烈的犧牲在
創業的人潮中。從祖克柏的創業路程中我們可以看出，優質的
經營戰略，巧妙的競爭手段，可以讓企業在千軍萬馬中擊退困
難和對手，脫穎而出。

1·搶占機會，保持對市場的高度敏感

提到創業公司的核心競爭力，許多人往往想到核心技術、人力資源，忽視了「市場」這一根本因素。不可否認，在現代市場經濟條件下，技術很重要，但是我們要明確這樣一點，一個公司對市場的高度敏感更重要。創業者保持對市場的敏感永遠是第一位的，只有針對市場需要開發深受大眾歡迎的產品，才能取得良好的預期效果，它比技術更能決定一個公司的成敗。市場是廣大的，甚至看不到邊際。但是，龐大的市場未必都是企業盈利的基礎，大概只有一小部分能夠帶動企業業務發展。無論市場環境如何，創業者都要帶領隊伍找到屬於自己的藍海，建立獨一無二的行銷模式。對市場保持高度的敏感，搶占機會，其實就是給自己找到準確的市場定位，並在競爭中占得先機。為此，創業者要清楚界定公司的優勢與劣勢，明確判斷公司在市場競爭中的位置，對公司的未來發展形成明確的規劃。

在 Facebook 之前，人們幾乎沒有想過用真實身分在網上進行溝通，也沒有一家網際網路公司對現實生活中複雜而微妙的人際關係，做過如此深入細緻地分析，並讓原本很難把握的社會圖景，變得可分析、可計量、可掌控、可管理。沒錯，Facebook 突破了這種局限，消除了人們渴望溝通背後的種種顧慮，提供了安全且值得信賴的網上溝通環境，讓千萬網友更舒服地在網上表達自己的想法。所以有人說，祖克柏把地球人聯繫在了一起。

對市場的敏感來自於對現實的深刻洞察與把握，這種高度的市場敏感性是一個公司成功的基礎，更是經營者不可缺少的經營素養。

Facebook 創立以後，在短短幾年時間裡就聚集了數億活躍用戶，市值突破 150 億美元，一躍成為了全球最大的社交網站。之所以出現如此快速占領市場的形勢，正因為他瞭解最新的市場變動，迎合了人們日益增長的交流需求。讓我們仔細看看 Facebook 的市場創新性，它把真實的生活狀態從現實植入了虛擬世界，讓人際交流更暢通、便捷。按照祖克柏的設想，Facebook 是一個縮微的現實社會，超過 60% 的用戶會每天上來逛逛，看看朋友在做什麼，檢查有沒有新收到的消息並做出回覆，或者更新調整個人的資料。顯然，Facebook 的產品把握住了消費者的需求，並在技術上讓大家滿意。還有比這更讓人興奮的事情嗎？

根據市場的變化和需求，祖克柏制定了許多具有跨越式的決策，其中最重要的一點就是實行「實名制」。這使得 Facebook 擁有了 Twitter 和其他社交網站不具備的特徵，也成為它最吸引人的地方。由此，人們開始習慣於以真實資訊加入社交網路，在保障自身資訊安全的同時，還能獲得一個相對安全的社交環境。這時候，網路交流的價值不僅體現出來，還由此帶來了非凡的商業價值。當越來越多的人把 Facebook 當作一種生活方式的時候，商業價值就產生了。人們利用 Facebook 傳遞資訊，無形中影響了廣告行銷模式的變革，也形成了 21 世紀人類社會的一次宏大遷徙──從生活方式、商業模式和社會組織形態的深刻轉型。

當一種技術或模式取得市場成功以後，跟風者會蜂擁而至。Facebook 推行實名制以後，其競爭對手也曾經這麼做，但都沒有成功。原因在於，他們對市場和資訊的掌控不夠仔細，不夠精準，他們沒有祖克柏強烈的市場觀念和敏銳的市場觸角。其實，馬克·祖克柏是一個非常喜歡挑戰的人，因此當 Facebook 成為網際網路行業的一顆璀璨明星之後，他沒有停下腳步，而是始終關注著 Facebook 在整個市場中的發展前景。

　　早些年，谷歌、雅虎這些先行者在中國市場上相繼失利，為想進入中國的西方網際網路公司敲響了警鐘。而「人人網」、「百度網」這樣的王牌網站，更增加了進入的難度。對此，祖克柏看到了，也想到了。但是，他仍然選擇知難而上，因為他明白，市場風險的背後是驚人的利益。祖克柏看問題很透徹，他唯一擔心的是，如何來適應與美國法律制度差異較大的中國法律制度，如何適應中國用戶隱私保護的政策，以及如何與早已在中國市場建立了穩固用戶關係的騰訊進行競爭。而祖克柏帶領團隊將這些問題一一攻破的表現，讓世人見識了這位年輕小夥子的非凡功力。

　　在與中國傑出的企業人士進行多次交流談判之後，又經過一番研究與溝通，祖克柏和他的團隊終於率先在香港設立了 Facebook 的辦事處，以便逐步開拓中國乃至亞洲市場。祖克柏安排前谷歌高管 Jayne Leung 作為香港辦事處負責人，同時負責管理台灣市場。這樣一來，Facebook 便可以在中國大陸尋求在海外市場銷售產品的中國公司，這些公司可能會在 Facebook 上刊登廣告。由此，Facebook 將可以從中國大陸公司手中贏得廣告訂單。

　　Facebook 高層開始加緊制定進入中國市場的詳細計畫，他們傾向於與百度合作。祖克柏期待著靠合作共贏的方式，首先打開中國市場的缺口。事實上，百度首席執行長李彥宏也對 Facebook 的這項建議和計畫表示支持，他說：「我認為像 Facebook 這樣的公司應該考慮進軍中國市場。如果他們的行為得當，而且有足夠的耐心，他們將獲得機會。但是時間稍縱即逝，網際網路市場正在發展中且競爭激烈。如果不立即採取行動，就將錯過機遇。」

　　社交王國從誕生那天起，就不僅僅屬於美國，而是服務於全世界的。祖克柏以敏銳、前瞻的市場眼光，帶領 Facebook 一步步向前跨越，

路越來越寬廣。這正是創業者應該學習、借鑑的地方。許多人總是強調市場的重要性，但是他們並沒有將市場看準。產品是末，市場是本；產品是葉，市場是根。離開了市場，產品就像無本之木，無源之水。只有真實的理解市場，才能及時地把握消息，把握商機。Facebook 一直在市場的廣度和深度上挖掘著最大的價值，這讓它在行業中一直處於主動地位。馬克·祖克柏的市場拓展經驗告訴我們，未來的行業老大不僅產品一流，做市場更要一流。找準市場，開拓市場，這是企業做大必須研究的課題。

【青年創業路標】

在越來越多的人需要社交網路進行聯繫的時候，祖克柏快速找到了市場的缺口，在關注市場和資訊快速變化的同時，推出了一款更適合現代人交流的網路平台。由此可見，尋找創業方向的時候，一定要與時俱進，時刻關注市場的發展與變化。當你準確把握了市場的動向和需求時，你才能創造出來真正迎合市場和消費者的產品，才能在市場的浪潮中脫穎而出。

2‧品質是創業者和企業的生命

創業辦公司，不能循規蹈矩，被動挨打，要懂得品質是最大的競爭力，是創業者和企業的生命，提高產品品質後發制人，才能見神效。在競爭中，各公司的產品常常會「勢均力敵」，不分上下，這時競爭的勝負便取決於產品的品質高低。

俗話說：「不怕不識貨，就怕貨比貨。」消費者在比較中就會知道誰優誰劣。那麼，他們會擇優而汰劣，而劣者將無市場。所以，公司都將提高產品品質作為取勝之道。美國一家洗衣機公司的廣告中這樣寫道：「本公司負責維修的人員是世界上最孤獨的人。」如果負責產品維修的人真正孤獨了，那麼，產品本身一定有很多的愛用者。事實上，他們也正是靠質優來取勝的。

同樣的道理，Facebook 能發展到如今的規模，與祖克柏把產品品質放在第一位是密不可分的，社交網站的品質當然是體現在網站的功能上面，用戶在使用各種功能時的體驗，就是對網站品質的最好檢驗。祖克柏深知功能是一個網站是否能打開市場的中心環節。優質的功能往往能夠打動用戶，增強同行競爭力，這樣一來，用戶就會在心中形成一個印象：你的就是最好的。與其他社交網站相比，Facebook 的功能更有吸引力。各式各樣的功能滿足了用戶的不同要求。

祖克柏曾坦言：「我們的目標不是要做很酷的網站，而是要做有用的平台。酷炫的東西終究流行不久，有用的東西卻不會，它可能會延續很長一段時間。這就是我說的，Facebook 的公用事業（utility）特質，我強調的就是要有用。再過幾年，將會有更多人使用社交網路，我們

必須確保，Facebook 是最好的一個。」祖克柏堅持自己的網站不必酷，但一定要有用。他注重的是 Facebook 功能的實用性，而不是華而不實的「酷」。品質永遠都是產品制勝的法寶，祖克柏時刻都沒有放鬆對 Facebook 品質的高標準嚴格要求。

商人最重要的素質，是於細微處看到大趨勢，在商業直覺和決策理性的平衡點上瞄準大勢。在新經濟時代，許多事情是想不清楚的，這個時代的特徵不再是大吃小，而是好吃壞快吃慢，不允許品質低劣的產品橫行太久。時代要求產品品質必須最優。

祖克柏不單單是一個網路天才，他也是一名商人。商人就要重視企業的發展，祖克柏為了提高公司的收益，不僅要隨時關注市場動態，還要重視網站的品質，不斷完善 Facebook 的功能。祖克柏透過打造一種輕鬆的方式，讓使用者能夠在 Facebook 上發佈資訊和好友聯繫，這些功能讓用戶的體驗更加真實，更加豐富。正如祖克柏所說：「網路有各式各樣的服務與應用。不過我認為，人最感興趣的，還是其他人發生了什麼事，這也正是 Facebook 為什麼那麼受歡迎的原因。」

Facebook 在功能上的發展，讓我們看到祖克柏的經營理念是，市場在變，產品的品質要有保證，產品結構要更新換代：一是開發新產品，二是想辦法尋找商品的第二次生命。對於後一種情況，是指當產品過時或品質過劣時，可以調整產品的屬性，在提升中讓產品的品質變得更加優質，讓產品再次活起來。將網站的品質提升起來，是市場的要求，它能吸引眾多的客戶。

祖克柏除了在商業上為 Facebook 增添了一些特色功能，他還致力於增強圖片功能，提高解析度和流覽速度。透過逐步改動，Facebook 使用者上傳的圖片能以更高的解析度顯示，這意味著圖片將更加清晰和精細。另外，使用者在網站上流覽圖片的速度也提高了一倍，這表明使用

者上傳圖片的時間縮短了。隨著功能的不斷完善和更新，祖克柏並沒有因自滿而裹足不前，他仍在不斷挑戰。

祖克柏又將目光放在提高聊天方式的品質上面來，Facebook 以往的聊天方式都是透過文字、圖片進行資訊的傳輸，但是隨著用戶需求的增加，以及視頻聊天變得越來越普遍，馬克·祖克柏並不甘落後，他也為 Facebook 增加了視頻聊天的功能。增添視頻聊天是 Facebook 在功能上的一大進展。用戶在美國新興網站「交際網」輸入 Facebook 的帳號登錄，就可以與 Facebook 好友同時進行一對一或群組視頻聊天。如果好友不在線上，使用者甚至可以留下視頻的留言。這使得用戶間的溝通更加便捷和自然，用戶體驗提升了，Facebook 的網站品質自然也就提升了。

祖克柏懂得品質決定著一個網站生命的長度，只有重視網站的品質，才能保證功能的更新與創建，才是吸引用戶的不二法寶。如果一個社交網站，沒有足夠讓用戶喜愛的功能，就等於是一個品質不過關的網站，那麼它就毫無吸引力，也就不會在市場中處於優勝的地位。因此 Facebook 緊盯市場，一直在網站品質上下功夫，才最終造就了輝煌的市場業績。正所謂品質就是生命，效益決定發展，在競爭激烈的商場上，品質是贏得客戶信任的基本砝碼，有了品質，才能占有市場，實施名牌戰略，占有優勢地位。創業是一項需要鉅細靡遺的事業，品質在任何時候都非常重要，結合祖克柏的一些緊抓品質的實踐，我們總結出了品質管制的八項原則：

（1）以顧客為關注焦點。顧客是公司存在的基礎，如果公司失去了顧客，就無法生存下去，所以公司應把滿足顧客的需求和期望放在第一位，就像祖克柏始終以使用者體驗為導向來改進產品的品質。

（2）領導作用。領導的作用即最高管理者具有決策和領導一個組織的關鍵作用，在 Facebook 的一輪輪品質改革中，祖克柏的領導作用不

可小覷。

（3）全員參與。領導應賦予各部門、各崗位人員應有的職責和許可權，為全體員工創造一個良好的工作環境，激勵他們的創造性和積極性，就像祖克柏的品質改革就動用了全體員工的智慧。

（4）過程方法。公司為了有效的運作，必須識別並管理許多相互關聯的過程。

（5）管理的系統方法。管理的系統方法包括了確定顧客的需求和期望，建立組織的品質方針和目標，確定過程及過程的相互關係和作用，評審改進措施和確定後續措施等。

（6）持續改進。持續改進總體業績應當是公司的一個永恆目標，其價值在於追求不斷提升品質的價值訴求，Facebook 雖然一直保持行業領先的地位，但是祖克柏對於品質的追求從未放鬆。

（7）基於事實的決策方法。有效決策是建立在資料和資訊分析的基礎上。成功的結果取決於活動實施之前的精心策劃和正確決策。

（8）與供方互利的關係。供方提供的產品對組織向顧客提供滿意的產品可以產生重要的影響。因此把供方、協作方、合作方都看作是組織經營戰略同盟中的合作夥伴，形成共同的競爭優勢，可以優化成本和資源，有利於組織和供方共同得到利益。

美國著名品質管制學家約瑟夫·朱蘭博士說：「20 世紀是生產率的世紀，21 世紀是品質的世紀，品質是和平占領市場最有效的武器。」以上八項原則適用於所有類型的產品和組織，可以給創業者用作自己企業品質管制體系建立的理論基礎。

【青年創業路標】

馬克·祖克柏勤於思考，並且注重實際應用，他有著敏銳的市場眼光，深知網站的品質是在激烈競爭中生存的法寶，因此 Facebook 才不會被時代淘汰。在市場經濟中，誰能時刻保證產品品質領先，並在變化面前做出最迅速的反應予以改進，誰就將走在前頭；而一心只顧利益，忽視了產品品質的的人，就會本末倒置，血本無歸。

3．重組舊事物，創造新事物

很多時候，舊的事物不一定就沒有發展潛力，就像枯樹根在根雕藝術家巧奪天工的雕琢下，可以變成價值連城的珍寶，所以，沒有無用過時的事物，只有缺乏變通、古板過時的頭腦。在靈活的創業者的管理下，即使舊的事物，也會因為巧妙地重組，變成嶄新的新事物，而發出新的光輝。Facebook 本身雖是舊事物，但卻不是枯木，而是網際網路行業一顆璀璨的明星，喜歡挑戰的馬克·祖克柏一直都在關注 Facebook 在整個市場中的發展前景。他不但努力在一個接一個的挑戰中贏得競爭優勢，還不斷努力擴展 Facebook 現有的功能和縱深度，使得 Facebook 這一舊事物能夠脫胎換骨，順應諸如搜尋引擎這樣網路發展的大勢所趨，重組舊事物，誕生新事物——快速發展的網路世界的新的綜合平台，以獲得更多的機會和利益。

進軍搜索市場，這是 Facebook 在舊的社交網路的基礎上，衍生出的新生事物。祖克柏在他的年齡擁有這樣縝密的思維和發展的眼光是很可貴的。展望未來，祖克柏意識到，在未來的發展中，搜索和社交兩個環節勢必逐漸走向靠攏。因此，祖克柏準備把搜索功能，附加在舊的只有社交功能的產品之上，作為公司主要的發展陣地，並把它作為用戶瞭解一切的新起點。可以看出，馬克·祖克柏在推陳出新的同時，也非常看重用戶使用 Facebook 的感受。之所以想要進軍搜索市場，也是為了給更多的用戶提供方便。

正因如此，很多用戶才鍾情於使用 Facebook。他們已經將 Facebook 視為上網門戶了。這些人每天使用該網站的時間甚至比谷歌還高出

70％，比雅虎高出一倍。但之所以將Facebook稱之為舊資源是有原因的，因為 Facebook 目前提供的主要資訊還僅限於其他人在 Newsfeed 中發佈的內容。要想成為真正的上網門戶，就必須要為用戶提供訪問其他網站的管道。所以祖克柏需要為使用者提供廣泛的對外管道，滿足用戶的興趣和要求。倘若能夠進軍搜索市場，那麼就可以將 Facebook 打造成為終極門戶，讓使用者得到更多資訊。

這就是 Facebook 重組舊事物，誕生新事物，發展新產品、進軍搜索市場要達到的效果之一。除了這一點，祖克柏還要改進 Facebook 原有的搜索功能。搜索不僅能幫助用戶，還可以幫助 Facebook 本身。因為搜索將為 Facebook 提供更多的資料，幫助 Facebook 進一步為使用者提供個性化服務。有了搜索功能，Facebook 就可以將種種舊的資源優勢，轉化為真正實用價值以改善用戶的線上生活。Facebook 其實已經為用戶提供了由微軟 (Bing) 必應支援的搜索功能，但卻很少有人使用該功能進行全網搜索，而且該功能的確效果不佳，祖克柏對此也心知肚明。這樣的功能會有損用戶體驗，因此必須要改進。

祖克柏想到了在搜索上加以完善和突破。他明白，無論是新舊事物，只要滿足了用戶的需求，也就占領了市場。所以，企業的經營者要想在市場中占有一席之地，就必須不斷想出新路子，不斷填補用戶的心理需求，設法抓住用戶的「胃口」。祖克柏對市場出色的研究、理解和判斷，讓 Facebook 的技術和服務都有了質的提高，而向著搜索功能的靠攏，則顯示著祖克柏開拓新事物的勇氣和魄力，這些嘗試都讓 Facebook 具備了強大的競爭力，從而使 Facebook 贏得了更多的市場機會。

泰國正大集團總裁謝國民認為，做生意就是整合資源，取得一加一大於二的效果。如果沒有這種商業頭腦，而僅僅依靠某一方面的資源優勢競爭，那是無法想像的。祖克柏即使占有全球如此大的社交網路資

源，也沒有高枕無憂的故步自封，作為年輕的創業者，更要明白重組舊資源，整合現有資本，開發新事物對企業的生存發展是多麼的重要，一個企業的市場地位，不僅取決於其所擁有資源的數量與品質，更取決於其對資源的利用效率。建議創業者在整合內外部資源時，要求自己做到以下三點：

（1）視野開闊。

經濟全球化的今天，國內外的市場競爭空前激烈。一定要著眼於經濟全球化的競爭形勢，思考如何構築在此背景下的競爭力並獲得優勢，如何推進管理現代化和管理變革，如何應用最新方法、智慧、成果，如何有效獲得先進生產力。

（2）善於集成。

這就是對企業的內外部資源進行通盤思考和統一協調，努力將各種分散的資源集成和集中起來，著眼長遠，突出重點，以便將有限的資源投入到在實現戰略意圖過程中能發揮最大效用的領域，把搜尋引擎和社交網路重塑在一起，就是祖克柏善於集成的表現。

（3）善於借力。

適度地借用利用外部資源，可有效地彌補企業自身資源的不足，縮小戰略目標與資源條件的差距。比如，與世界大企業結成戰略聯盟或實施某方面的合作，就可以學習借鑑其管理、開發市場的經驗，提高自己的競爭能力。

做生意，其實就是調動各種資源，在舊的資源的基礎上，催生出新的事物，從而實現盈利的目標。如果是以經營企業的形式進行，那麼企業就成為一組資源的集合體，商業競爭就是圍繞著資源的爭奪與利用來展開的。因此，無論做貿易，還是做企業，都是對各種資源的整合與利用。祖克柏試圖把現有的客戶資源與搜索功能進行整合，這是一個網路

世界前所未有的創舉，以他的經營頭腦和以往不俗的成績來看，這次資源重組一旦成功，將會給網際網路時代帶來一次里程碑式的革命，祖克柏迎來的不僅是他個人的又一次巨大成功，更使得 Facebook 的世界影響力變得更為深遠。

【青年創業路標】

重組舊事物，創造新事物，本來是一件被人們常常掛在嘴邊的道理，但越是有價值的真理越是容易被人忽視，我們經常被困在一堆堆積已久的舊的業務中間難以抽身，並且常常仰天長歎自己什麼時候才能從眼前的這堆亂麻一樣的事物中解脫出來，其實是我們忘記了，現在纏住我們、讓我們不得脫身的事物，曾經是我們傾注了多少心血的一項業務，而且，這些項目很可能還蘊含著無限的開發價值，只是我們被塵埃蒙住了眼睛，沒有發現。

　　脫穎而出與落敗而歸只差一念之間，能夠發現舊的事物中蘊含的商機，予以利用，靜心開發，陳腐的東西也能散發出生機。不是風動，不是幡動，是仁者心動。凡事用心琢磨，將舊事物重組得好，就能誕生出更有生命力的新事物。

4・娛樂行銷，讓生意變得有朝氣

在產品同質化的時代，現代企業要想做好銷售提高銷量，打造一個具有娛樂精神的行銷方式是關鍵。美國行銷戰略專家 David Aaker 說：「一個企業的行銷方式是其競爭優勢的主要源泉和富有價值的戰略財富。」許多企業讓消費者對自己產品的觀點停留在好用上，這顯然是不夠的。讓消費者覺得有趣，在消費的過程中能夠感受到無盡的樂趣，做好娛樂行銷才是生意變得有朝氣的突破點。從經營策略上看，吸引眾人目光的娛樂性是一切行銷的起點，也是一切行銷的終點。眾所周知，沒有意思的事物，任何人都不會感興趣，更不會付費購買，所以，娛樂化的行銷方式，決定了產品擁有與眾不同的吸引力，其吸引力越大，受歡迎程度就越高，創業者的生意也就越有朝氣。

2009 年 3 月，尼爾森公司研究所宣告了網際網路劃時代的巨變：全世界的網際網路使用者在社交網路上花費的時間第一次超過了使用郵件的時間，這種新型的溝通方式已經變成了主流。全世界的用戶花在社交網上的總時間在 2008 年呈現了 63％的正成長，然而，Facebook 的時間增長卻在另一個數量級上，將尼爾森統計到的其他所有類似服務遠遠拋在了後面。Facebook 的用戶總時間增長了 566％，高達 205 億分鐘。是什麼讓 Facebook 這麼受寵？全球網友都對它愛不釋手？答案很簡單，有趣的東西是人人都喜歡的，Facebook 就是一個將娛樂行銷做得很到位的公司，而且，它們推出的有趣的東西，新穎而讓人有參與感，這種使用者參與的狀態不僅進一步提升了 Facebook 的人氣，更從根本上貫徹了祖克柏最初的創業理念，還給 Facebook 的支援團隊節省了不少開發

成本，娛樂化的行銷方式，讓 Facebook 的生意經營得充滿朝氣。

　　從 2006 年秋天，Facebook 對非學生用戶開放的那一刻起，全世界的英語使用者就開始大規模湧入。在 2008 年初，Facebook 開創了一項新穎而具有娛樂精神的翻譯項目，到 2008 年底時，網站便有了 35 個語言版本。當時，Facebook 的國際化項目僅僅處於初期，美國以外的活躍用戶就已經達到了 1.45 億，占總數的 70%。當時尼爾森的統計顯示，全世界 30%的網際網路用戶都註冊了 Facebook，這個數字比一年前增長了 11.1%。用戶量僅次於 Google。借娛樂行銷的光，Facebook 公司的自我預期也在不斷被超越。2009 年初，野心勃勃、當時還對外保密的內部目標是到年底前達到用戶 2.75 億人，即使在公司內部也少有人認為能夠完成。但後來這個數字在 8 月就實現了，到了 9 月，用戶量達到了 3 億，遍及 180 個國家。

　　到 2009 年後期，新用戶的增長速度高達每天 100 萬。難以置信的統計資料持續出現：據 Facebook 全球監控系統（GlobalMonitor）稱，全球有 11 個國家，超過 30%的公民都成了 Facebook 用戶，這些國家包括挪威（45%）、加拿大（43%）、智利（35%）和英國（37%）等。在狹小的冰島，52%的國民都使用 Facebook 服務。在汶萊、柬埔寨、馬來西亞、新加坡和其他的一些國家裡，Facebook 是排名第一的社交網站。據康姆斯克的統計，在 2008 年 5 月，Facebook 的全球訪問量超過了 MySpace。2008 年年中，Google 全球搜索關鍵字中，「Facebook」的搜索次數超過了「Sex」（性）。可以想見，是多麼有趣具有娛樂性的社交工具才能達到這個神奇的水準？！

　　更進一步說，使用者在 Facebook 上所用的語言，也漸漸與他們的線下生活接軌。Facebook 在 2008 年初發佈的翻譯工具是他們有史以來最偉大的產品創新之一，也對他們日後在全球發展產生了巨大影響。

那年年底，Facebook 的使用語言增加到了 35 個，包括中國大陸使用的簡體中文以及中國香港和台灣地區所偏好的繁體中文。到 2009 年底，Facebook 使用的語言已達 70 種，涵蓋了 98％的世界人口所使用的語言。Facebook 的翻譯工具採用了一種很具娛樂性的方法，善加利用了世界各地用戶的瘋狂熱情，讓用戶們參與進來，充分感受推動一項偉大進程的愉快感覺。祖克柏並沒有安排自己的雇員或是找承包商，花費數年時間將站內的 30 萬條詞語和短語，翻譯成其他許多種語言，而是把這個任務轉交給了全世界，並收穫了巨大的集體智慧。

在開發每一個語言版本的時候，Facebook 會充分考慮翻譯過程的趣味性，軟體會給使用者提供一個待翻譯的詞語。每個使用 Facebook 的人都可以解決一個或多個的西班牙語、德語、班圖語（Swahili）或者塔家路語（Tagalog）的一個詞語。每個詞語都被很多人翻譯，然後軟體將詢問該語言的母語者，用投票選出最好的詞語或短語來填補空缺。這個工具最早在 2008 年 1 月用於西班牙語版本上，當時在西班牙語國家已經有 280 萬用戶使用 Facebook 的英文版。僅僅在 4 週之內，世界各地的西班牙語使用者就創造出了一個完整的版本。Facebook 的工程師只需插入總結，於是西班牙語版 Facebook 在 2 月 11 日就上線了。下一個德文版，2000 人只花了兩個星期，3 月 3 日上線，而法語版本是 4000 名用戶在不到 2 天的時間內完成的。增加新的語言版本幾乎沒有給 Facebook 增加任何成本，只是讓 Facebook 在其他國家推廣的時候顯得更好玩了，因為這些使用的語言都是本國家使用者自己選擇的。

託翻譯軟體娛樂性非凡的福，這個項目的開展祖克柏並沒有過問。「我非常為之驕傲，因為這個產品我根本沒有參與。」在翻譯者項目上線時他說，「這難道不就是創業過程中最令人期盼的結果嗎？你根本不需要關照任何事情，就能有人創造出與公司理念如此契合的產品。」讓

產品對使用者而言有趣，娛樂化行銷方式，讓 Facebook 在擴張市場的
同時，也讓自己的用戶享受到了無窮的樂趣，這可能也是全球億萬用戶
瘋狂熱愛它的原因。

【青年創業路標】

Facebook 的娛樂參與戰略，讓他們在堅守自己創業理念的同時，
更是節省了極大的一筆資本，還有更加可貴的頭腦資源，這種
娛樂行銷的經營理念讓 Facebook 的生意充滿了生機與活力，現在的
Facebook 彷彿是一團聚集能量的火焰，讓熟知它的人們瘋狂的撲到上
面難以自拔，同時也讓沒有接觸它的群眾產生一種強烈的願望，希
望參與到這個有趣的事物中來。讓平凡的事物變得有趣是一種能力，
無疑，祖克柏在這方面擁有超凡的能力。

5．階梯發展，借助媒體為自己造聲勢

　　媒體的力量，在當今商業社會的影響力不容小覷，媒體可以讓你一朝成名天下知，也會瞄準你的一著不慎，進而讓你滿盤皆輸。懂得運用媒體的力量，就能夠在很多機會面前為自己占得先機，尤其是在創業起步階段，需要融資讓自己的公司站穩腳跟的時候，媒體的力量就顯得更為重要。祖克柏作為 Facebook 的創始人，很懂得做事要循序漸進，階梯型的發展模式才最穩定，而這種穩定的發展模式，既是爭取媒體信任和投資商手中資本的重要籌碼，也是進一步運用媒體影響為自己發展造勢的平台。

　　當 Facebook 需要融資的時候，祖克柏巧妙的透過媒體將風聲傳出來，在各路媒體的推動下，矽谷中那些貪婪的投資公司的胃口馬上被吊了起來。打聽消息的人開始鋪天蓋地地湧來，Facebook 的電話響個不停。然後，祖克柏讓媒體更大程度的介入了這件對 Facebook 發展至關重要的事件，媒體果然也是不負其厚望，產生了很大的推動作用。當時的《洛杉磯時報》在首頁刊登出一則有關 Facebook 的報導，這使投資方更來勁了。那是主流媒體第一次對 Facebook 公司進行重大報導，頭條上寫道「吸引全美大學生的網站」。「精明，傻氣，粗俗，不管你怎麼說，該網站牢牢抓住了其用戶，他們中多數人每天差不多都要登錄該網站。」報導的記者麗蓓嘉·特勞恩森這樣寫道。來自權威媒體的新奇評價讓投資人對 Facebook 更為關注。

　　由於新聞界的特殊地位，其對於做大做強企業規模有很大的推動作用，祖克柏在融資的過程中對於媒體的巧妙運用，就充分說明將媒體恰

當的為我所用，就能占據輿論制高點，這就要求創業者明白：

（1）面對媒體不要發表過度的言辭。記者其實更像是一群懷疑論者。如果你講的話站不住腳，那麼你或者會被打斷，或者會受到猛烈的攻擊。應該像祖克柏那樣，在和媒體交涉的過程中，每放出一個消息，都是準確可靠的。這樣才能贏得媒體的信任和幫助。

（2）報導會帶來更多的報導。

新聞機構對公司的故事越關注，你就越容易得到信任。但是公司必須動作迅速，在新聞材料中還要強調，最重要的電視台和出版物曾報導過你的消息。就像祖克柏讓 Facebook 的消息登上了《洛杉磯時報》這樣大報的頭條，這樣的影響力不可謂不大，而在此之後各大媒體跟進的後續報導，雖然熙熙攘攘好不熱鬧，但是最大的受益者，還是祖克柏的Facebook。

（3）站在大多數人的立場。

你可以用一種公正的、不偏不倚的態度來談論問題，有時可以承認差錯和疏忽，強調你很關注一般市民所關心的事情，祖克柏在展示幻燈片的時候，從大眾的立場向眾多投資人說明了 Facebook 的過人之處，令人信服。

（4）一個好的「釣鉤」應該能用一兩句話就說明白。

如果你試圖讓新聞媒介報導你的機構，那麼確定宣傳中內在的吸引人之處就是你的責任。祖克柏明白要宣傳就要有「料」，所以，在做展示的時候，他的階梯發展圖標新立異，又極具說服力，給媒體報導提供了很多的報導亮點。

（5）要做好應付侷促場面的準備。

很多新聞工作者之所以做這一行業就是因為他們有一種軟磨硬泡、咄咄逼人的個性。在大多數情況下，只要你順著這種「誘」的模式來，

就能夠讓人理解你的觀點，祖克柏具體如何和各位大報記者們相處，我們雖然不得而知，但是從各大報導對 Facebook 的青睞來看，祖克柏應該是很討記者們歡心的。

（6）採取合作的態度。

如果記者來找你要新聞，你就向他們提供線索，努力幫助他們。有朝一日你可能需要他們的幫助。祖克柏不僅善於和媒體合作，甚至在尋找融資方的時候，選擇的也都是像《華盛頓郵報》這樣影響力極大的媒體，他的媒體經營方略由此可見一斑。

與傳媒建立良好的關係要花時間和精力，但是一旦建立，受益無窮。「水能載舟，亦能覆舟」，除非你有抵禦一切風暴的勇氣和能力，否則不要把這樣的洪水引向公司──記住，新聞媒介代表的是公眾，眾怒不可犯。學會像祖克柏一樣和媒體處好關係，在需要的時候，巧妙的借助媒體的幫助，運用高超的經營手段實現共贏，是創業者必須要修練的一門課程。

～～～～～～～～～～～～～～～～～～～～～～～～～～～

【青年創業路標】

媒體只有在你主動與它交好的時候，它才有可能靠近你，如果你根本沒有任何公關意識，媒體很可能會成為企業前進的巨大阻力，很多時候，被媒體開罪的後果都是致命的。但是，只要你有經營媒體意識並行動起來，媒體就會表現出友好的一面，很多時候，成為你發展的助推劑。而如果你自己不行動起來的話，就會與眾多媒體失之交臂。對於創業者來說，學會像祖克柏處理媒體關係的方法，能夠幫助我們儘早確立正確的媒體戰略，在日後的競爭中，贏得先機。

6‧保持住團隊的精、氣、神

　　有精氣神的團隊，才會有高效的業績和戰鬥力，讓整個團隊安定團結、創造佳績，是保證創業成功的重要內容。有時候，年輕的創業者不得不面對微妙的局面，比如處理下屬在不經意之間表現出來的不滿，或者是當自己管理過於嚴格的時候，團隊成員之間發生摩擦衝突，這個時候保持住團隊的精氣神就顯得尤為重要。保持團隊的精氣神，就是要讓公司的所有員工之間不發生任何衝突，大家和睦相處，一起動力都放在公司的發展上，這是公司正常營運所必需要的基本條件，也是創業者要取得成功的素質之一。可見，一個團隊是否有精氣神往往取決於組織領導的魅力、魄力、預見力。對於如何讓自己的團隊充滿活力，不生嫌隙，馬克‧祖克柏很有自己的一套。

　　Facebook 在加州帕洛阿爾托的總部有 1200 名員工。28 歲的祖克柏作為公司的首席執行長，除了靠著他的運氣，更重要的還在於他作為企業領導者的決策力和戰略頭腦。Facebook 作為一個規模企業，巧妙而有效地管理團隊是很必要的。如果沒有一套向心的管理方法，那麼企業力量就會變得渙散，就會精氣神盡失。「制度化的率性而為」便是 Facebook 的企業文化。它象徵著強烈的奉獻精神和全力以赴的努力態度。這種企業文化使得員工們能夠在輕鬆自由的環境中高效率地完成自己的工作，能夠讓這些從不拘泥於形式的網路菁英保持很高的精氣神。

　　作為公司的首席執行長，祖克柏最大的任務是為公司招募經驗豐富的商業拓展、行銷和技術人員，並且在將他們招到旗下之後，保持他們旺盛的戰鬥力。他抓住時機雇用了一些很有天分的人，提高了團隊的精

氣神。但是，祖克柏注重最大限度地發揮團隊戰友的聰明才智，當祖克柏領導室友 Dustin 以及其他一些人進行專案研究時，通常都是各做各的，很少向他人尋求幫助，但祖克柏試圖找到一種方法改變這種狀況。他想：「假如我們有八個天才，怎樣能使他們工作得最高效呢？」

造就一個優秀的公司，並不是要打敗所有的對手，而是形成自身獨特的競爭力優勢，建立自己的團隊、機制、文化。公司領導的責任不是僅僅考慮員工個人才能的問題。而是應該根據每個員工個人才能的特點，加以組織並形成團隊協作力量的問題。沒有團隊協作的個人才能，僅僅是局部的效應。因此，祖克柏也發現 Facebook 要有一個研發團隊，團隊成員可以一起開發正在開發的產品。有了人手之後，還要去監督團隊的工作，但不能過分控制。因為，被雇用的菁英都是具有獨立研發能力的，過分的監督和管理只會限制了他們的創造性，打壓他們的精氣神。

創業想要取得成功，很多人都會認為有充足的資金，前景不錯的項目就可以了。而事實上，抱著這種想法的創業者往往撐不過三年，就會宣告失敗。他們都忽略了最重要的一個條件，那就是創業所必須的一個鬥志昂揚的核心團隊。有精氣神的核心團隊對於一個企業來說就像是靈魂對於人體一般重要。祖克柏為了讓公司塑造一個好的工作環境，保持團隊精氣神，促進團隊的凝聚力，還制定了一些滑稽的規定：員工必須要是俊男美女，形象極為重要。祖克柏說：「我們公司的任務之一是成為矽谷裡最酷的公司。我所宣揚的理念是：這裡應該是一個有趣的、搖滾般時髦的工作場所。」

員工傑夫·羅斯柴爾德在開始到 Facebook 工作時穿著很是古板，笨重的跑鞋、一件襯衫紮在卡其布褲子裡，要不就是穿一條寬鬆的牛仔褲，是一個典型的書呆子氣的矽谷中年工程師。但他到 Facebook 工作

一段時間後,被這套制度所感染,僅過了一個月便穿著名牌牛仔褲,襯衫下襬也沒有紮進褲子裡,一身時髦打扮。他的朋友都吃驚地問他:「傑夫,怎麼回事?」傑夫·羅斯柴爾德回答道:「他們說我給他們丟臉了,不願意讓我進辦公室。他們開始稱羅斯柴爾德為『j-ro』。」

這套制度雖然有些滑稽,但是對於提升團隊精氣神很有用,讓員工們都意識到了形象的重要性,以致整個團隊都開始懂得為公司的形象著想,同時,充滿了帥哥美眉的團隊,也讓每一個身處其中的成員都感到心情愉快,團隊的鬥志大漲。而說到率性而為的輕鬆化的工作模式,就要說一說 Facebook 員工們的業餘活動了。Facebook 員工總是喜歡一幫人一起活動。他們常常集體去的地點是公司附近的水瓶座戲院,因為公司的一個工程師在那做兼職,所以他們可以免費入場。員工們還時常光顧距東帕洛阿爾托有幾英里遠的麥當勞,以及街角的學院咖啡館。這些地方都成為了公司非正式集會的地點,員工們在輕鬆的環境中緩解了工作的疲勞。

公司能制定如此人性化和舒適化的工作制度,員工們自然得到了心理上的滿足。他們也都十分熱衷於這種工作和休息氣氛。一位員工說:「我們是最親密的朋友。工作總是占用我們的休閒時間,我們在工作中度過耶誕節、週末,有時要工作到早上 5 點。」更為人性化的是,Facebook 還向那些住在帕洛阿爾托附近的員工提供每月 600 美元的住房補助,這就照顧到了員工工作以外的日常生活。

無論做什麼事情,單靠個人的力量是遠遠不夠的。尤其是在一個企業裡,員工與領導者一起構成了公司主體。每個人都與企業的命運緊密相連,所謂一損俱損、一榮俱榮,就是這個道理。但是,僅僅有這樣一種觀念是不夠的,領導人還必須注意採取有效的物質激勵模式,實現個人與組織的利益捆綁,提高團隊的精氣神,帶動企業與個人共同發展。

　　祖克柏透過溫馨的工作管理制度，讓團隊的精氣神得到很大的提高，使得 Facebook 的員工有積極工作的主動性，整個團隊洋溢著一種向上的鬥志。對於員工而言，工作不再是繁複頭痛的任務，而成為了一種輕鬆愉悅的生活方式，這是祖克柏的高明之處。而他之所以能夠做到這一點，正是源於他更懂得設身處地的為員工和團隊著想，瞭解他們的需求，給予員工更多的自由和援助。也正因為他對企業和員工付出了真誠，所以才得到了企業和員工的回饋。

　　另外，在交流方式上，Facebook 也顯得比較潮流化。例如程式設計師們都是透過即時通信軟體聊天進行交流，他們使用的是美國線上服務 aim。有一次，一位比祖克柏年長幾歲的雇員收到了祖克柏透過即時通信軟體發送的一條資訊，上面寫著「你好！」這是這位員工第一次收到這樣的資訊。他興奮地竟然從椅子上站了起來，激動地向祖克柏喊道「你好！」，沒想到祖克柏竟然沒有理會他，而是繼續面無表情地盯著自己的電腦螢幕。因為他覺得這是一種即時交流資訊的管道，希望員工都能夠把它好好利用，這樣對於提升團隊成員的精氣神很有幫助。後來，公司一位五十來歲的獵頭師羅蘋常常在家熬夜到早上三、四點，就是因為專注於深夜的即時資訊交流。祖克柏意識到，即時的資訊交流是十分必要的，而且很多重要的決策都需要大家即時的探討和修正。所以，用即時通信交流如今在 Facebook 已經成為了一種習慣。

　　團隊並不是一群人的簡單組合，真正的團隊應該有一個共同的奮鬥目標，一種友好的氛圍，一股積極向上的精氣神，成員之間的行動也是相互依存，相互影響的。只有這樣才能更好地協助合作，追求集體的成功。祖克柏就在管理團隊上將自己的理想、人格和價值觀融入到公司的精神之中，使 Facebook 成了一個獨立而團結的、富有精氣神的團隊，也使得 Facebook 在全體員工的努力之下變得越來越有活力，有朝氣。

【青年創業路標】

團隊精神是現代企業精神的重要組成部分，企業中的職工之間的關係，雖談不上什麼生死之交，但一定要做到風雨同行、同舟共濟。而沒有精氣神的團隊，就像是各自為營的一盤散沙，沒有團隊合作的精神，僅憑一個人的力量，無論如何也達不到理想的工作效果。只有保持團隊向心力，通過集體的力量，充分發揮團隊精神才能使工作做得更出色。

Facebook 之所以會如此出色地屹立在網際網路行業，也是因為它有強大的團隊力量在支撐。讓自己的團隊時刻充滿鬥志，更是很輕易的就贏得了行業競爭中的優勝地位。培養團隊的凝聚力，提升團隊的精氣神，讓團隊為企業利益服務這是最為明智的管理策略，也是每個 CEO 都需要注重的工作。

Share 8——王牌企業需要王者的執行力

沒有較強執行力的企業是危險的，在創業的路途中，提升自我的方式其實很簡單，那就是：「在不破壞現有水準的前提下，關注那些持續發展的、容易擴大規模的產品或趨勢。」這是祖克柏的經驗之談，也是企業闊步前進的源泉。

1．不打無準備之仗

所有的一切都顯示，能夠超越你競爭對手的關鍵，能夠幫助你達成目標的關鍵，能夠幫助你占領市場的關鍵，能夠幫助你成功的關鍵，只有一個，就是做好充分的準備，不打無準備之仗。商機永遠不會隨隨便便就能變成財富，創業者必須時刻做好充分的準備，當機遇來臨時，自己早已整裝待發，任何時候都不打無準備之戰。

財富不是天上掉下來的，而是靠長期的準備累積得來的。一個創業者只要勤奮，兢兢業業，經過一段時間的精心準備之後，就會有所收穫。這種收穫，可能是直接的成就，也可能是某種心得，總之它是對準備的一種回報，是水到渠成的結果。事情準備充分了，做好了，對生意的理解就會很到位，自然頭腦靈活，該怎麼做，不該怎麼做，都會了然於胸。

市場上從來不乏潛力公司，能和 Google 比肩的公司也不勝枚舉，Facebook 為何能成為一匹黑馬勝出呢？馬克·祖克柏究竟有哪些制勝之道？一切答案，都在於這個年輕的創業者從來不打無準備之仗。

網路發展雖然速度驚人，但是，歸根到底，都是人類交流方式的變化與發展。瞭解了這種發展趨勢，就能夠在變化來臨之前，做好充分的準備，胸有成竹的應對任何挑戰。人類的交流方式，從最初的手勢交流、語言交流，到後來的電話交流，不斷發生變化。進入數位化時代，尤其是網路技術的推動，以 AOL 為代表的接入時代、以 Yahoo 為代表的門戶時代，以及以 Google 為代表的搜索時代，讓人們充分見證了科技的力量。而 Facebook 的橫空出世，就是對即將到來的人類交流方式的變革做好了準備之後的完美之作。

長期的思索讓祖克柏意識到，在未來的發展中，搜索和社交兩個環節勢必逐漸走向靠攏。因此，為了在變革來臨之前，就讓 Facebook 做好充分的準備，他毫不猶豫地把搜索與社交相結合的產品作為公司主要的發展陣地，並把它作為用戶瞭解一切的新起點。進軍搜索市場，是祖克柏對未來市場的深入把握之後的應對措施。對創業者來說，哪怕再細小的機會，只要能在某一市場領域取得成功，就完全有理由做好萬分準備，為了這一絲可能奮力一搏，祖克柏當然擁有這樣的遠見和謀略。為了搶占市場機會，祖克柏對 Facebook 的搜索功能進行了改進。他認為，搜索不僅能幫助用戶，還可以幫助 Facebook 本身。比如，搜索能為 Facebook 提供更多的資料，幫助 Facebook 進一步為使用者提供個性化服務。有了搜索功能，Facebook 就可以將種種資源優勢轉化為真正實用的價值，並有效改善用戶的線上生活。

聯想到這新的網路形態在 21 世紀的網路中將會產生的關鍵作用，Facebook 的所有人都開始致力於搜索和社交的整合市場。Facebook 擁有大量的使用者資料，這一現成的資源成為其建立門戶網站的一大優勢。這樣一來，雖然 Facebook 的頁面和連結資源與谷歌大同小異，但在人際關係方面卻遠勝於谷歌。可以說，Facebook 原本的使用者資料為這次的變革搭好了一個基準很高的平台，讓 Facebook 在這次與谷歌的競爭中，早早做好了準備，占得了先機。因為 Facebook 比谷歌更加知道用戶喜歡什麼，甚至是用戶的好友喜歡什麼。而且，Facebook 完全瞭解真正的興趣與垃圾資訊之間的區別，這樣鉅細靡遺的準備工作，讓祖克柏進軍搜索領域之前就占盡先機。當然，所謂的準備充分，不是說有了好的資源就可以一勞永逸了，如何不斷開發出新的更完美的產品，如何在競爭中讓對手無反擊之力，則需要創業者超凡的魄力，長遠的眼光，並且依靠整個團隊的精誠合作做好各個方面的準備。

作為年輕創業者的榜樣，祖克柏善於在參戰之前做好準備的經營方式很值得我們學習，關於如何做好準備，下面有兩點意見供創業者參考：

（1）準備工作要放眼未來。

準備工作要做到放眼未來，不是說今天應該做什麼，而是今天要為明天即將發生的變革做好充分的準備。就像在網路變革來臨之前，祖克柏早就做好了準備，這就是一種放眼未來的精神。準備工作要放眼未來，而不是預測未來，所以目前的思想和行動必須包括怎樣的未來性。在創業過程中，今天做的任何決定都包含著一定的未來性，在以後都會被驗證的。但是有些創業者做出的決定會在日後的發展中印證其正確性，而有些人則不會，其中的差別就在於，做今天決策的時候，創業者有沒有前瞻性地看到了未來的變化趨勢，看到了未來的機會和威脅，然後帶領自己的企業做好充分的準備，可以說準備就是現在的行動，明天的勝利。

（2）讓準備工作具有操作性。

要想不打無準備之戰，就要讓準備工作具有操作性，只有基於分析和判斷做出的具有前瞻性的戰略，才能讓準備工作的目標執行起來更加具有操作性，祖克柏就是將社交網路和搜尋引擎結合這樣的準備工作量化，隨之使得 Facebook 迎接網路變革的準備具有操作性，才讓他的團隊在執行的時候有據可依。創業者在做準備工作的時候，要學會將較為遠大的長期目標，變成具體的行動計畫，變成一連串的財務資料，變成一連串的考核指標，這樣準備工作就有了可操作性。

【青年創業路標】

準備工作是很實在的東西，不是虛無縹緲的，也不能因為現在很忙，就可以等到明天再說，因為，你今天所做的所有事情，都幾乎構成了未來命運的一部分。有經驗的創業者都明白，從來都不要打無準備之仗，因為這樣的戰鬥毫無勝算。對創業者來說，把握現在，制定切實可行的準備策略，並做好執行，是實現宏偉戰略的基礎。

2．錢不是留住人才的唯一方法

　　人才是企業發展的核心，而留住優質人才需要的是大智慧。一些人以為讓人才不流失很簡單，只要肯下重金就沒有挽留不住的人，其實恰恰是這種小聰明的想法，導致了大量人才流失，最終使得企業走向衰落，這就是聰明反被聰明誤。一般來說，受重用的下屬，有的官位顯赫，身居要職；也有的躲在幕後，暗中操縱著局勢。他們能有今天的一切，是因為能力出眾，對企業忠貞不二；創業者要持續提升他們的忠誠度，避免人才流失。流失人才，便等於扼殺公司的生命。就像一切投資一樣，留住人才這一項投資你不要希望立刻就賺來利潤。他們在你的公司待得越久，利潤就越高。

　　一些耍小聰明的人認為，要留住人才，只要提供高薪就足夠了，他們本著一種有錢能使鬼推磨的想法來管理人才，但是，這種目光短淺的管理方法總有一天會讓他們嘗到耍小聰明的苦果。控制人才流失，是一件需要遠見卓識、關乎企業生存發展的大事，絕不是靠小聰明就能應付的，一味僥倖抱著原來態度的創業者，遲早會被自己的小聰明誤了企業和自己的前程。要留著這些立志高遠、資訊靈通的高智商人才，沒有大智慧是行不通的，這需要創業者設身處地的為人才著想，運用智慧讓人才忠心耿耿的留在自己身邊。

　　人才流失、員工跳槽本來是一個很普遍的現象，但事後，當其他群體沒有做出加高薪或是升高職的承諾，還是把你的優秀下屬給挖走時，這就可能真的是一個錯誤了。如果這些東西不是金錢，不是更高的職位，那又是什麼呢？很可能是因為你的人才策略出了問題，你在留住人

才這方面沒有花費足夠的心思，你耍了小聰明。谷歌公司是世界最著名的搜尋引擎之一，市值已飆升至 500 億英鎊。但是，自從祖克柏領導的 Facebook 在網際網路行業迅速崛起，谷歌的員工便開始不斷轉移到這個潛力無限的新興企業，甚至掀起了「跳槽熱」，無論谷歌如何想盡辦法挽留，都絲毫不能動搖員工跳槽的決心。

員工跳槽不僅影響員工陣容的穩定，給企業造成直接經濟損失，同時對企業的未來前途和命運至關重要。跳槽的員工大部分都是技術人員和管理人才，他們會帶走企業的大量客戶、核心技術和管理經驗。企業職工陣容不穩定，員工「跳槽率」過高，谷歌高層非常著急，試圖找到有效的解決方法。為了留住想要跳槽的員工，谷歌就一次次開出了很高的價格。但是，在挽留人才方面，谷歌似乎沒有動太多腦筋，一味的用錢砸人，很有些小聰明的感覺，殊不知這些高端人才，不是動動小聰明就能留住的，他們需要的，是職業理想的延伸，而不是在谷歌那個龐然大物裡面故步自封。

看到一個個員工離谷歌而去，谷歌卻只拿出一個單一對策──重金收買。比如，谷歌為了挽留一名員工，為他加薪 15％，並提供 50 萬的留任獎金。即便面對如此好的條件，這名員工還是拒絕了，最終加盟了 Facebook。可見在高端人才面前，小聰明是行不通的，最終只能誤了自己，給自己造成不可修復的損失。而與此同時，Facebook 在不停地招募員工。在 Facebook 所接觸的谷歌員工中，每五名中就有一名被 Facebook 成功聘請。谷歌這次耍小聰明的失誤，卻給 Facebook 提供了大量優質人才。

面對如此境遇，谷歌毫不悔改，小聰明耍到底，開出的獎金額也越來越高。谷歌為保留工程師曾開價 10 萬美元、350 萬美元，最後價格竟然達到了 600 萬美元，但是依舊未能如願。面對高昂的待遇，谷歌員工

為什麼會如此決絕呢？很大的原因是祖克柏帶領下的 Facebook，正竭盡所能將公司的業務多元化，這為廣大人才提供了更多實現價值的空間，所以不少人才紛紛跳槽來到了祖克柏的公司。這與祖克柏把跳槽看作一個人實現人生目標的過程不無關係。這次較量，是大智慧與小聰明的較量，而結果顯而易見，耍小聰明的，終將被小聰明所誤。

創業的人應該明白：人才等於錢財，人才不是小聰明能夠留住的，這是大多數商人的生意經。人才大都認為，「良禽擇木而棲，良臣擇主而侍。」只有為員工提供良好的「福利待遇」，才能留住有才華的骨幹，才可能把生意做大。

實際上，從祖克柏吸納人才的路徑告訴我們：經營者掏出大筆錢不一定能吸引到人才，一味的用錢財收買人心只是短視的小聰明的做法，因為不是所有人都能為金錢所動。要吸納人才，最重要的是要為人才提供一個好的發展前景，能讓人才實現自己的夢想。就像谷歌的員工不為高薪所動，仍然願意跳槽到 Facebook 一樣。這樣的做法其實是一種大智慧，可以達到一箭雙鵰的效果——既吸納了人才，又拉抬了企業的聲勢，為企業創造了更多的財富。

為了避免年輕的創業者因為經驗不足，也像谷歌一樣在人才戰略上耍小聰明，下面有五點建議供大家參考：

（1）當心被下屬炒魷魚。

在管理的過程中，要注意對人才的培養，讓人才與企業融為一體，滿足大家各種人性化的需求，把公司當作施展個人才華、實現自我價值的領地，祖克柏就花了很多心思，讓每一個加入 Facebook 的人都產生一種歸屬感，不必再擔憂被下屬炒魷魚。

（2）營造卓越的環境。

商業競爭，越來越表現為人才的爭奪。對此，創業者應當勇敢面對，

做到全方位吸引人才。眾所周知 Facebook 的辦公環境很舒適，是這些電腦奇才的樂園。所以創業者要經常到基層走一走，聽聽員工的心聲；要瞭解一下當前人才發展的態勢，看看自己哪裡做得不好。總之，營造良好的環境，尊重人才，重用人才，是留住人才的關鍵。

（3）讓每個人都有願景。

來到 Facebook，每一個員工都要從底層做起，但是每一個有才能的人都不會被埋沒，因為幾年之後，有的人就可能因為業績優秀而被提升為部門主管，祖克柏的人才管理戰略是讓每一個踏實肯幹的員工都有願景。可以說在某種程度上，一個公司就像一支足球隊，員工就像足球隊員。高薪可以為球隊聘到大牌球星，但是，如果這位球星一年都沒有上場，他肯定會離開這支球隊。公司也是這樣，有的公司炫耀自己有多少博士、碩士，但這些人卻無事可做，過不了多久，他們都會走的。為了讓每個員工都實幹，領導者必須將自己的目標細化，使每一個員工都有自己明確的目標，並以此作為考核標準。讓每個人都有願景，你還用得著像谷歌一樣強留人嗎？

（4）鍛造留住人才的本領。

祖克柏從招聘開始，找的就是和自己志同道合的朋友，所以這樣的一群人在一起腦力激盪共同工作，讓世界發生改變，本身就是一件愉快的事情。聰明的創業者提倡愉快工作，認為人的一生中最寶貴、最美好的時光是在工作，鼓勵員工在工作中尋找愉快，讓工作變成一件趣事。良好的工作氛圍，就能增強公司的凝聚力，留住大批的人才，壯大公司的實力。

總之，創業者要學會留住人才的大智慧，向祖克柏學習，從三方面考慮留住人才：一是在事業上留人才；二是在感情上留人才。三是在待遇上留人才。而不是小聰明的認為，只要薪水好，誰也跑不了。

【青年創業路標】

　　留住優秀人才不是一件小聰明就能解決的事，需要創業者在工作中生活上為人才營造公正平等與融洽的環境，使他們能在你的領導下有一種自我價值成就感，人才便會忠心地在你的麾下勤奮地工作，回報於你。當然，你要瞭解他們的需求，比如委以更多的責任、付給更多的報酬、滿足人才的志趣、快速提拔、重視有前途的年輕人，等等，都是留人的大智慧。

3・生死關頭，親自掛帥

　　創業者在面臨關乎企業生死存亡的緊要關頭時，不要想著如何去管理大家，而應明確自己肩上的責任，走在大家的最前面，這是練好創業基本功的唯一選擇。因為真正成功的創業者都是在商場裡摸爬滾打一步步走過來的。在很多企業存亡的生死關頭，這些創業者臨危不懼，親自上陣，才有了後來的穩健、成熟和睿智。松下幸之助認為，企業由小到大，會經歷無數次生死關頭，這樣的時刻就需要創業者親自掛帥，這對其領導力是一種考驗。就像祖克柏，雖然年紀輕輕，但是很有擔當，在危機來臨時，毫不畏縮，果斷的親自迎戰。

　　Facebook 自成立以來面臨的影響最為嚴重的危機，應該就是「燈塔」危機。這次危機引發的用戶對 Facebook 干涉隱私權的質疑一浪高過一浪，很可能讓 Facebook 這條處在風口浪尖的新船隨時傾覆，面對這樣關乎 Facebook 生死存亡的危機，本身就是電腦奇才的祖克柏選擇親自披掛上陣。

　　因為祖克柏所宣導的「世界透明化」本身在一定程度上就與隱私問題相衝突。因此，在隨後的 2007 年，Facebook 才引發了這次影響惡劣的危機。「燈塔」是 FacebookAds 整體廣告項目的一部分。Facebook 用戶在燈塔廣告項目的合作網站上操作所產生的所有資料都會顯示在 Facebook 網站上，包括用戶在網站上的購物行為、在 Yelp 網站上發表的評論、在 Blockbuster 上租賃房屋的行為等。祖克柏原本以為，這項服務將是網站實現進一步公開透明化的突破，但沒有料到的是，這項服務引起了一次聲勢浩大的隱私抗議事件。

　　在接下來的三個星期裡，祖克柏憑藉他卓越的網路知識，親自加入緊急程式設計團隊，組織人員對原有問題進行詳盡的修復，並對系統進行了全面調整，並把「選擇性退出」修整為「選擇性加入」。這樣親力親為的領導作風果然收到了很好的效果，Facebook 的團隊把普通公司需要幾個月才完成的任務在幾個星期後就完成了，並且收到了很好的評價。祖克柏在關鍵時刻的親自披掛上陣，體現了作為一個年輕創業者的過人的魄力和出眾的專業能力，這次危機也因為他的直接參與而得以順利化解。

　　很多創業者以為，一旦事業進入平穩發展階段，自己就可以高枕無憂，不必再操心一些具體的事宜。其實這種把自己放在雲端的創業態度是很危險的，很多關乎企業生死的緊要關頭，創業者親自出馬要比任何有能力的經理人都有效，畢竟，創業在任何時候，都是一件需要嘔心瀝血的差事，事業是自己的，一刻都馬虎不得，尤其在一些生死關頭。就像古籍《尸子》中有「頓丘買貴，於是販於頓丘。傳虛賣賤，於是債於傳虛」的記載，說明古人在經商的過程中，為賺取「地區差價」而東奔西跑，也是要付出極大的辛苦的，這也證明早期的「商人」也是地地道道的親力親為的勞動者，是憑著勤勞而牟利生活的。這一點，我們今天的創業者應牢牢記住。

　　創業的成功都是給那些遇大事願意親自處理的創業者準備的。如何在重要關頭親自掛帥贏得漂亮？下面有四點建議供創業者們參考學習：

　　（1）主動思考。

　　祖克柏在處理燈塔危機的時候親自瞭解使用者反應，並根據實際情況做出了戰略調整。可見創業者在親自掛帥之前，要親自來到一線瞭解問題，思考問題，籌畫對策，然後再運籌決策。

　　（2）親自動腿。

　　祖克柏平時就和他的團隊成員在一個大辦公室裡面一起工作，可以說他親自動腿瞭解實情的條件很便利。對於創業者而言，經常到各公司觀察實情是很有好處的，這樣有助於發現問題，把它消滅在萌芽狀態，經常「御駕親征」，親自瞭解各地行情，為決策掌握第一手可靠材料。

　　（3）親自協調。

　　創業者是一個多重身分的集合體，一是監控者，接觸外界，觀察與公司有關的資料；二是傳播者，把外界的資訊傳入組織，傳播給公司的下級員工，協助部屬互相傳遞資訊；三是發言人，向社會發佈新聞，或是推銷商品，或擴大公司及產品的知名度。像燈塔危機中祖克柏就代表 Facebook 做出了道歉聲明，也是親自擔任發言人的一種體現。

　　（4）親自動手。

　　祖克柏親自參與程式設計就是親自動手的典型，這樣的行為既顯示了創業者本身的能力，又為員工們積極處理危機做好了表率，可謂一舉兩得。創業者在親自掛帥時，就是要親自擬訂重大決策，勾勒集團公司的藍圖，簽發、批示重要文件和意圖等，有些要親自動手，別人無法替代。

～～～～～～～～～～～～～～～～～～～～～～～～～～～～～

【青年創業路標】

　　創業者比任何人都明白，事業是自己的，任何時候都需要自己竭盡全力的去守護，尤其在危機發生的時候，親自掛帥就顯得尤為重要。以往的經驗表明，有的時候，一個小小的危機處理不得當，都會讓一個規模龐大的企業傾覆於一夜之間，所以，在面對生死關頭的時候，創業者要親自掛帥，親臨指導，用百分百的關注，點燃員工共度難關的熱情，讓企業在眾人的共同努力下，度過難關。

4．獨斷專行，不如謀之於眾

　　創業過程中，團隊領導人不但要有偉大的願景，更要注意用這種理想激勵、吸引大家同舟共濟，遇到問題的時候，與團隊中的成員共同商議，聽取大家的意見。也就是說，對待創業夥伴，要充分的信任，與之共謀大計，不能自己獨斷專行。這種謀之於眾的做法，其實也是開發團隊潛力的過程，日本企業家土光敏夫曾經說過：「人越早擔任重擔，進步也就越大。」與富於挑戰性、事業心的人一起共同謀斷，不僅能夠得到較為客觀理性的發展建議，更能夠充分發揮他們的聰明才智，發掘他們的潛力，讓團隊成員創造優秀的工作業績。

　　事實上，擁有堅定不移的目標，為了心中所想奮勇直前的創業者不在少數，出眾的決斷力幾乎是每一位傑出領導者必須具備的特質。但是很多人因為過於執著心中所想，往往容易獨斷專行，將眾人的意見當耳邊風，從而造成了很多創業失敗的遺憾。事實的確如此，獨斷專行，不如謀之於眾，每個人都有獨特的閱歷和見解，每個人都在追求個人發展和事業成功的機會，如果在一個企業裡能充分施展個人才華，使自己的想法對企業發展產生影響，那麼會極大地增強團隊的戰鬥力和向心力。為此，創業者要善於聽取眾人的意見，讓大家充分發揮自己的優勢和潛能提出見解，從而做出更為明智的決策。

　　祖克柏是一個很具有頭腦的創業者，他堅持不走尋常路，避免重蹈那些專斷者的覆轍，用自己謀之於眾的領導方式，帶領團隊走過每一個高峰和低谷。他從不專斷獨行，而是善於傾聽眾人的聲音，並用那他異於常態的思考方式，將眾人的決斷付諸實踐，讓自己的員工發揮著自身

最大的價值。為了讓 Facebook 在網際網路行業中成為佼佼者，祖克柏推崇謀之於眾的創新管理方法，凡事都多多聽取團隊成員的意見，因為在他的團隊中，幾乎個個都是和他一樣的網路奇才，擁有不同凡響的遠見卓識，這種民主的管理方法使得企業不被飛速前進的數字浪潮衝垮，並始終保持領先地位。

在平時的工作中，祖克柏很是民主，注重團隊協作。他經常引導員工學習共處，幫助他們熟悉其他成員的思維邏輯，從而實現有效交流，漸漸地就形成了一種注重團隊合作的企業文化，而當需要 Facebook 做出重要決策的時候，動用團隊的智慧共同化解就顯得水到渠成。而這種需要大智慧的管理方式也只有懂得謀之於眾重要性的祖克柏才敢嘗試。時間就是效率，尤其對於從事研發工作的人來說，如何支配時間去做更多有效益的事是很關鍵的。祖克柏在謀之於眾的創新管理中，非常注重員工提出的各種提高效率的方法，並大力加以推行，進而形成了一種高效的行事作風，為 Facebook 的研發工作節省了很多成本。

祖克柏認為，在一個說著不同邏輯的語言、不能自由溝通思想的企業裡，拿出一定的時間給自己去理解眾人的想法是十分必要的，這樣的溝通有助於他在面臨重要抉擇的時候，聽取眾人的意見，做出較為理性的判斷。為了避免眾人提議的時候，因為互有芥蒂而相互抵觸，錯過了絕佳的提議，他不是讓員工用 100％的時間去工作，而是讓員工抽出20％的工作時間泡在一起，不強迫他們一定要成為朋友，但可以讓員工之間相處得更舒適，交流更順暢，合作也更為緊密，在祖克柏需要謀之於眾的時候，就能夠聽到坦率客觀的建議。

祖克柏這樣謀之於眾的管理方式，讓 Facebook 的團隊成員之間建立了一種強烈的事業參與感，也營造了一種自由而有效的溝通文化。團隊成員心往一處想了，企業氛圍友好了，交流順暢了，思想得以相互碰

撞，一個個領先與行業發展的超前提議紛紛出爐，自然促成了一個又一個的項目。一個創業者只有戒掉專斷獨行的弊病，多聽聽眾人的心聲，盡力做到謀之於眾，做到以人為本，充分尊重員工，提供給員工發展的空間和舞台，在潛移默化中培養員工的參與感，員工才可以在這種各盡所能的工作氛圍中，工作積極性高漲，積極的提出各種有助於企業發展的好點子；在創業者面對關乎前途發展的重大選擇時，才能幫助創業者做出明智的選擇。

強烈的參與感和集體榮譽感會將 Facebook 的員工和公司緊密地聯繫在一起，在主人翁的意識驅動下，更容易促使員工為實現目標而努力，協助祖克柏度過了一個個難關。每一個員工的積極參與，都是對 Facebook 效益的增長發揮了作用。創業者在面對選擇的時候，一定要懂得聽取眾人的意見，一個人的思維能力畢竟有限，謀之於眾，聽取眾人的智慧才能把企業發展得越來越壯大。要想謀之於眾，就要讓每一個員工對於所做的事業有一種參與感，既要充分發揮人才的創造力，又能營造一種公正、開放的人才環境。這一切，都需要創業人摒棄專斷獨行的做法，在尊重眾人智慧的基礎上用心經營：

（1）大膽授權，為謀之於眾打好基礎。

充分授權，是發揮人才價值，在謀之於眾時能夠收穫有價值的意見的重要舉措，也集中反映了企業在用人上的膽識。Facebook 的很多專案祖克柏都是放心的交予員工開發，甚至 Facebook 的很多外語版本都是用戶自己開發的，可見，祖克柏是一個很懂得放權的人，也為自己謀之於眾打好了堅實的基礎。需要指出的是，許多創業者緊握手中權力，專斷獨行，不善於大膽授權，恰恰是因為沒找到如何做好監督、考核的工作，自己的基礎工作沒有做到位，所以對員工不放心，更難以謀之於眾。

（2）敢於提議的人才不問出處，真正做到與「眾人」謀。

Facebook 公司把這種理念貫徹到了最優，員工在擔任相應的職務期間，Facebook 的高層會把所有工作的管理許可權大膽地下放到每一個人的手中，敢於聽取並執行每一個人的想法，這種非常大膽的權利下放是 Facebook 成功的重要要素。而在面對選擇的時候，這些人才的意見無疑都是很寶貴的，對於企業的發展有著重要的意義。

（3）謀之於眾，而不謀之於親。

在規模不大的創業公司裡，一些創業者覺得親戚是「自己人」，聽取其建議而不加考慮，一旦他們提出的議案毫無可行性，問題就嚴重了。Facebook 中的很多創始人都是祖克柏的摯友，但是祖克柏在面對選擇的時候並沒有只聽從他們的建議，而是博採眾長。對家族企業來說，無論誰提出了不好的意見，都不能執行，無論誰破壞了原則，都要大膽進行懲戒，消除不利因素的干擾。要知道，亂提建議的不正之風是癌症，是傳染病。只要存在不正之風，一個企業終究會垮台。

〜〜〜〜〜〜〜〜〜〜〜〜〜〜〜〜〜〜〜〜〜〜〜〜〜〜

【青年創業路標】

事業要發展，謀之於眾最關鍵。要想聽取眾人的意見，必須首先戒掉專斷獨行的思維習慣，不瞻前顧後，疑神疑鬼。要想知道應該聽取什麼樣人的意見，有三點標準：第一，要做到不看你身在何方，而看你能力強不強；第二，要做到不看你是誰的人，而看你品德行不行；第三，要做到不看你資歷有多老，而看你做得好不好。此三樣素質具備，便可與之謀。

5．強者心態，寧可戰死不被嚇死

　　創業型的企業從無到有，從小到大，由弱到強，其成長過程的每一步都考驗著創業者的勇氣和魄力，需要創業者時刻保持強者的心態和旺盛的鬥志，在遇到困難的時候，毅然決然的迎難而上，絕不退縮，有一種寧可戰死不被嚇死的精神。對此，正泰集團創始人南存輝深有感觸：「做企業跟爬山很像，開始做的時候認為很簡單，結果當你越爬越高的時候，就是企業越做越大的時候，碰到困難的時候，越爬越覺得上不著天，下不著地，不能回頭。所以當你上了這個舞台，就沒有停下來的時候了，要不斷去攀登、去戰勝一個個挑戰。」在困境面前有這樣的勇氣，才稱得上是真正的強者。

　　祖克柏自 Facebook 成立以來，面對過無數挑戰，但是他從來沒有懦弱退縮過，每一次都是戰鬥力十足的組織團隊進行反擊，無論多強大的對手，他都沒有被嚇倒過，即使是谷歌這樣在網路世界稱霸多年的龍頭老大，祖克柏也是以一種強者的心態奮勇迎戰，毫無畏懼。當時，谷歌直接針對 Facebook 開發了一個新的社交遊戲平台 Google+，並逐步引入更多線上遊戲以吸引用戶，因為谷歌稱霸多年底氣十足，所以這次挑戰來勢兇猛，一般人都以為祖克柏要示弱了。

　　但是，軟弱絕不是強者的本性，祖克柏也絕沒有被這樣的陣勢嚇死，而是馬上組織了反擊。為了能與谷歌新的社交遊戲平台對抗，Facebook 也提供了一連串新的服務功能，升級其遊戲平台，讓這些改進幫助遊戲開發者使他們的應用更具吸引力。Facebook 清楚地意識到 Google+ 推出遊戲業務是 Facebook 問世以來面臨的最大挑戰，但是，祖

克柏並沒有半點妥協的意思，而是認真分析了形勢，他經過研究調查發現 Google+ 遊戲聲勢浩大的主要原因是向遊戲開發商讓利。於是根據這一點，祖克柏迅速制定了反擊方案，組織 Facebook 採取了相應的措施迎接 Google+ 帶來的這個挑戰。

首先，Facebook 為了使遊戲標識變得更醒目，就把遊戲標識放大，並安放在頁面的醒目位置，必要時則覆蓋整個流覽器進行推廣。其次，為了保證玩家資訊的即時更新，Facebook 將玩家的操作記錄用捲軸的方式顯示。同時還增添了遊戲排行榜，記錄遊戲積分和通關情況，當自己的積分超過了好友時，系統就會自動產生提醒資訊。最後，為了使玩家擁有更多的存儲空間和更隨意的進度選擇。Facebook 還在網站中增強了書籤功能，玩家可以隨意存儲遊戲進度，開啟和關閉新遊戲。這些改進雖然都是細節上的調整，但細微處方可見精神。面對挑戰，祖克柏及其團隊戰鬥力十足，並且反擊全面徹底。

這樣的改進還不足以顯示祖克柏的強者風範，他還讓 Facebook 在功能上繼續逐步升級，在服務品質上逐步完善，以防止其他競爭對手搶占用戶。可見，祖克柏時刻都保持著強者的敏感，緊緊盯著對手的進步，並且能夠在最短的時間內推出擊敗對手的武器。哪裡有挑戰，祖克柏的觸角就會伸向哪裡，他絕不會因為挑戰難度很高而遲疑，更不會臨陣脫逃。市場調研公司分析師肖恩·科柯蘭說：「這如同是一場登山的戰役。」只有強者才能最先登上頂峰，只有不畏挑戰的勇者精神，才能帶領自己的企業笑到最後。

祖克柏以強者的姿態帶領 Facebook 領先於同類企業，可以帶給我們兩點啟示：第一，如果企業不肯推出更新的商品取代自己的商品，別的企業就會取代你；第二，面對產業的更新，誰能領先改變，誰就能掌握先機。因此，市場競爭，強者為王。創業者要明確一點，面對任何挑

戰都不能退縮，一時的懦弱將給企業帶來不可逆轉的損失，所以面對任何艱難的困境都要有勇氣闖過去，寧可戰死不被嚇死。Facebook 走上正軌之後，祖克柏就像一位哲學家和思想家，不管在任何時候都讓自己的心保持一種強者的心態，勇敢面對各種挑戰，並透過思索找到解決問題的方法，從來不會不戰而退，從而使自己的企業得到進一步發展。創業者要想養成祖克柏這樣的強者心態，首先要具備強者素質，要培養自己養成下面的思維習慣。

（1）樹立自我更新的理念。

就像祖克柏說的那樣：「我們的主要目標之一，就是不斷自我更新——我們必須確保是我們自己，而不是別的什麼人，將我們的產品更新換代。」新思想、新思路的獲得是成為強者的必備要素，在日常工作中，必須學會經常性的變化，樹立自我更新的理念。一個創業者如果墨守成規的話，無法適應變化，必將被淘汰。

（2）先把握市場，再改善產品。

市場上總會有很多不同的產品，創業者的一個重要目標就是要不斷改善自己的產品，滿足顧客的新需求，適應市場競爭新形勢。「Facebook是大家普遍選擇的產品，為了保持這種狀態，我們必須不斷把它做成越來越好的產品，我覺得這就是我們產業的美妙之處。」當然，改善產品的前提是，充分把握市場，瞭解未來的發展趨勢。

（3）在挑戰中堅持創新。

每一次有強大的對手向 Facebook 發出挑戰，祖克柏總是勇於接受挑戰，並推出更新的商品作為有力的反擊。Facebook 不斷進行漸進的產品革新，並不時有重大突破，在公司內部形成了一種不懼挑戰的氣氛，使競爭對手很少有機會能對其構成威脅。創新是 Facebook 贏得各種挑戰的秘訣所在，也是強者勇於參與競爭的有力王牌。

面對挑戰的過程，就像蠶蛹蛻化為蝶的過程，充滿艱辛與痛苦，也充滿喜悅與歡欣。作為創業者，大都希望自己的企業發展一帆風順，不會受到太多的威脅，可是現實中，商業社會競爭無比激烈，挑戰層出不窮，如果沒有勇氣面對，必將功敗垂成。要成為創業者中的強者，就要有寧可戰死不被嚇死的精神，勇敢接受一切挑戰，並且採取妥善的措施，將之一一化解。

6.無視錯誤比犯錯更可怕

　　許多創業者都不容許失敗，以致許多員工明知計畫不可能，還要一口答應下來，逞強逞能，直到紙包不住火的時候，才承認自己的無知、無能。結果，造成了很大損失。要知道這種無視錯誤的做法，遠比犯錯誤要可怕千倍萬倍。人非聖賢孰能無過，明智的創業者懂得給自己的企業給自己的員工犯錯的機會，但是，這絕不是說犯錯是目的，而是要我們在發現錯誤之後立即改正，從錯誤中汲取經驗，避免以後在同一塊石頭上絆倒兩次。畢竟，無視錯誤要比犯錯可怕，一旦形成不敢面對錯誤的企業風氣，後果不可設想。

　　Facebook 是一個敢於犯錯更善於改錯的企業，祖克柏會提拔曾失敗但勇於負責的人，因為他們知道從失敗中汲取教訓，並從失敗中尋求發展。能夠勇敢接受失敗，給員工犯錯的機會，是 Facebook 勇於接受錯誤的一種坦蕩表現，上至高層下到員工，都沒有無視錯誤的思維習慣，這樣反而能讓大家展開手腳，有所作為，最終的「得」要大於「失」。

　　動態新聞事件可以說是 Facebook 所犯下的一次重大錯誤，對動態新聞的反對意見主要在於，它把太多關於你的資訊發送給了太多的人。《亞利桑那野貓日報》（Arizona Daily Wildcat）在頭版頭條刊登了「學生使用者紛紛說 Facebook 的動態新聞就是偷窺」一文。文章引用了一位一年級菜鳥的話：「網站不應該強制記錄你在自己頁面上的活動。」而在密西根大學，《密西根日報》（The Michigan Daily）引用了一位三年級學生的話，她從流覽者的角度指出了問題所在。「新版 Facebook 讓我感到很不自在，」她說，「讓我覺得它就像是一個偷窺者。」許多人

開始用「盯梢本」（Stalkerbook）來稱呼這項服務。你在被偷窺的同時也成了一個偷窺者，誰希望發生這樣的事情？無疑，這次 Facebook 犯了一個大錯。

當時，祖克柏人在紐約，雖然對於自己宣導資訊透明化的初衷背道而馳，但是，他還是很明智的，他知道無視錯誤的鴕鳥行為會讓 Facebook 蒙上更大的陰影，他也清楚現在憤怒的使用者需要什麼，他更知道面對錯誤自己應該做些什麼。他在旅館房間裡熬了一整夜，寫出了一篇新博文，宣佈了新的隱私控制功能的上線。和以前相比，他的語氣發生了顯著的改變，這篇文章的語氣懇切真誠，充滿了對於 Facebook 所犯錯誤的歉意。「我們真的把這件事情搞砸了，」這是博文的第一句話，接下來他寫道：「在解釋新功能的作用方面我們做了一件非常糟糕的工作，而在給予隱私控制權方面，我們甚至做得更糟糕……我們並沒有立即建構一個隱私控制功能，這是我們犯下的一個巨大錯誤，我為此向你們表示歉意。」

祖克柏知道無視錯誤遠比犯錯誤可怕得多，所以他同時宣佈，在幾個小時之內他會在一個名叫「網際網路資訊自由流通」的小組上參加一個即時公開討論，主題是動態新聞。祖克柏意識錯誤的態度是很誠懇的，很快就得到了用戶的諒解，並且，就在他自己親自道歉的同時，祖克柏的團隊正在日夜兼程的趕制出動態新聞的補丁程式，讓這個錯誤的危害降到最低。這樣面對錯誤勇敢承認，並且迅速採取補救措施的行為，很有大將風範，而很多大型企業，都是在一次次錯誤中得到歷練，從而一步步走向成功的。

意識到錯誤立即積極改進的態度讓祖克柏獲益匪淺，今天，Facebook 已經贏得了越來越多用戶的認可，並擁有一大批穩定的用戶。而祖克柏在網路事業發展的平台上，也越來越有心得，經驗越來越老

到。可以說，沒有早期的不足、缺陷，沒有祖克柏執著的改進，就沒有Facebook今天的勝利。祖克柏認為，Facebook還可能經歷多次失敗，有些可能是一般大眾看得到的，有些可能較不明顯，但是他不怕犯錯，因為商業上的成功依賴於大膽嘗試，畢竟機會廣大。

而從另一方面來說，只要出發點是正確的事情，就值得堅持。動態新聞雖然遇到很大的阻力，在現實中被證實要想推廣很有難度，但是，經過改進之後，動態新聞的作用還是不可小覷的，可見這個功能的思路是正確的，只是可能執行起來有些操之過急。祖克柏告訴他的團隊：「大家只要堅持下去，不斷總結經驗、教訓，就能找到成功的路徑。」接著，祖克柏給每個人做思想工作，耐心傾聽他們遇到的困惑和技術問題，並給大家做細緻的講解。員工們自信、執著地堅持了下來。一個項目的方向是正確的，但是執行的過程中不到位、缺乏經驗，導致錯誤的結果。面對這種情況，人們很容易失去耐心，甚至自我懷疑，乃至放棄了那份執著。祖克柏認為，一個團隊必須具備面對失敗的勇氣。只要方向正確，就應該堅持下去，找到成功的通路。

容忍失敗並汲取犯錯的教訓不斷改進，是每一個成功的創業者必備的素質。亨利·福特曾兩次破產，而後才成功推出T型汽車，並獲得重大成功。不論犯了多大的錯誤，只有堅持下來勤於改進，才能取得卓越的成就。祖克柏對每一個員工灌輸正確對待失敗、尊重失敗的思想，甚至提出「沒有失敗代表工作沒有努力」。

不懼怕失敗，將失敗看作走向成功的鋪墊，是Facebook的理念。於是，你會在Facebook看到這樣一種獨特的現象：遇到失敗以後，面對的不是批評、斥責或者評估損失，而是「殘酷無情」的剖析過程，即分析失敗的原因，並找到成功的通道。在祖克柏看來，這才是對的尊重，也讓犯錯變得有價值。祖克柏認為，失敗是成功的一種需要。因此，在管

理上他更強調行動，不能因為怕犯錯而拒絕執行。由此，Facebook 形成了一種容忍失敗的企業文化，這種絕不漠視錯誤的獨特的企業文化，讓 Facebook 始終走在行業的最前沿。

（1）絕不漠視錯誤。

祖克柏很清楚，只有絕不無視錯誤，才會向成功邁進一步，而員工的競爭力也會在犯錯的考驗中得到更大提升。Facebook 不計較過程中的失敗，只管最後的成功，因此最後成功的才算數。比如，一個方案最後失敗了，員工的績效會打折扣，但不會影響他的長期發展，除非他一再失敗。這種企業文化，讓每個人都對工作充滿了熱情。

（2 犯錯不可怕，要學會不再犯同樣的錯誤。

生意場上，多少人敗就敗在「不會學」上。祖克柏在這次失敗中，瞭解到了用戶隱私的底線，再開發類似功能的時候就不會再犯同樣的錯誤，這為日後其他新功能的開發奠定了基礎。犯了錯誤，沒有自省，不善於把這個錯誤當作教訓，就無法抓住問題的關鍵，以後還可能犯同樣的錯誤。在工作中，有的人做得很漂亮，有的人做得一塌糊塗，這可能與經驗、反應有關係；但是如果你總是失敗，那就是自己的問題了。為此，祖克柏引導每個人從犯錯中獲得成長。

（3）無視錯誤不會成長。

美國 3M 公司有一句關於創業的「至理名言」：為了發現王子，你必須與無數隻青蛙接吻。成功需要經驗累積，做任何事都要在不斷錯誤中跌打滾爬，從而不斷累積經驗財富，不斷前行，最後到達成功的彼岸，而那些無視錯誤的人，注定是不會快速成長的。在企業管理中，祖克柏引導每個人直面困境，敢於與困難「接吻」，這樣的管理理念值得每一個創業者學習。

【青年創業路標】

祖克柏在做出一個正確的決定之前，可能有過若干次錯誤的嘗試，但是如果他選擇無視那些錯誤，那麼他永遠都不會做出正確的決定了。新加坡華人企業家連瀛洲，在被問到成功的基礎是什麼時，這樣回答：「四個字，正確決策。」對方又問，正確決策的基礎又是什麼呢？他回答：「兩個字，經驗。」對方再問，經驗又是從哪裡來的呢？」連瀛洲脫口而出：「是錯誤決策。」在管理中把錯誤當作進步的階梯，而絕不是自欺欺人的無視錯誤，從而逐漸累積對市場的經驗，培養敏銳力和判斷力，是創業者成功的基礎。

7・大事面前，拿得起放得下

　　人生在世，起起伏伏，每一個人都會經歷很多事關重大的大事件，而面對這樣的大事件時，需要我們從容的心態和睿智的心智才能拿得起放得下。商人以「利」為重，以追求經濟效益為根本目標，創業者往往一味的追求商業利益，極少有人能夠放得下具體的金錢，轉而追求較為抽象的長遠目標。也有人認為，死守金錢就等於幸福，錢越多，安全感就越強，可謂是拿得起放不下，一生為名利所絆。殊不知，只有拿得起放得下的人，才能無論何時都能獲得灑脫，更能取得意想不到的機遇和發展。

　　隨著 Facebook 風生水起，收購的橄欖枝紛紛伸到祖克柏面前，是不是要把自己的心血之作賣掉，要出售的話究竟要定價多少，面對這樣重大的選擇，祖克柏內心的確經受了很大的考驗，但是他用自己的表現證明了自己不僅拿得起，他也能放得下。讓祖克柏前思後想的原因有很多，部分是由於 Facebook 計畫下一步走出校園，而他擔心進軍職場網路市場會失敗，或許 Facebook 無法成長到他所設想的那般大的規模。於是 2006 年春末，在與維亞康姆的會談不歡而散後（其報價在 8 億美元現金封頂），祖克柏和董事會放出這樣的消息：如果有誰願意出價 10 億美元現金，他們會認真考慮出售。

　　與此同時，雅虎首席執行長特里·塞梅爾正越來越神往 Facebook。首席營運長丹·羅森維格（Dan Rosensweig）在更早些時候就已經成了一位粉絲，而且 2005 年用他自己的方式結識了馬克·祖克柏。羅森維格不止一次明確表示，如果祖克柏有興趣，雅虎會和他討論一下併購，但是之

前祖克柏對此卻毫無興致。到了 6 月，雅虎的執行團隊一致認為他們應該收購 Facebook。很快雅虎就表露出以 10 億美元收購 Facebook 的意願。

在祖克柏和達斯汀·莫斯科維茲這樣的盟友看來，事情走到這一步讓人感到煩躁無比。和祖克柏一樣，莫斯科維茲沒有出售的興趣。因為 Facebook 在這些創始人的眼中更多的是夢想的價值，而不是簡簡單單的金錢的意味。但是董事會成員布雷耶卻有不同的看法，這可能是一個大賺一筆的機會，用風投的術語來說，是「退出」的絕佳機會。面對這樣的大事件的定奪，祖克柏一直在堅持他的創業初衷，在一次董事會議上，祖克柏對於那些希望出售 Facebook 的人失去了耐心。「吉姆（指布雷耶），我們不能出售這家公司，如果我們不想出售的話。」他單刀直入地表示。

關於這次事件的處理，祖克柏面對的是 Facebook 內部的一次大分裂，因為布雷耶絕非是唯一遊說出售 Facebook 的董事。面對高額收購的誘惑，兩個以年齡為劃分界線的陣營出現了，大多數更為年輕的員工之間與較為年長的員工存在著分歧。

肖恩·派克站在祖克柏這一邊，他覺得 Facebook 才剛剛起步。

祖克柏回憶，「吉姆的立場很強硬，比其他所有人更希望賣掉這家公司。」公司內部的這種分化讓祖克柏左右為難。

對於雅虎開出的價格——儘管很有吸引力，但是看上去也太低了，遠遠低於祖克柏心中對於 Facebook 的真正定位，而且祖克柏對於 Facebook 有更長遠的安排。因為當時 Facebook 醞釀了一項巨大的改變——它打算對所有人開放，每個人都可以加入這個社群。它將不再只限於大學校園、高中或職場網路市場。

這是一個立體式的轉變——宣佈 Facebook 將為所有人服務，但是 Facebook 並沒有捨棄原來的基礎結構，它依舊把每一位用戶塞進一個網

際群體中。當然這是一個重大的抉擇，對於祖克柏和 Facebook 都是一個真正的考驗，所有人都在拭目以待，想知道 Facebook 是否能吸引大學校園之外的更廣闊的用戶。

這個選擇對於 Facebook 而言絕對是關於生死存亡的大事件，祖克柏此時何去何從的選擇關係重大，他能不能拿得起放得下，面對重金誘惑歸然不動，關係著每一個與 Facebook 相關之人的命運，因為如果 Facebook 無法跨出大學和高中校園大門去吸引更廣闊的人群，那 Facebook 傳奇般的增長勢頭也幾乎就到此為止了。對那些渴望出售 Facebook 的人來說，這意味著接受雅虎開出的價格會是他們在那個時候得到最為划算的結果了。而且那些抱有這種想法的人認為，Facebook 邀請一大群古板的成年人來共同分享它原本在年輕人之間紅紅火火的服務，會有降低 Facebook 在這些年輕人心目中地位的風險。

祖克柏一如既往的堅定自己的觀點，很有些拿得起放得下的大丈夫風範，他絕不同意上面的觀點，他的觀點始終如一而且非常明確——Facebook 需要走出大學，需要成為一個面向所有人的網站。

祖克柏從 2005 年中起就一直在強調 Facebook 不僅要酷，更要對人們有用。如果在網站拓寬用戶群的過程中，遭到了年輕力量的阻力，他會堅定不移的克服掉，因為有一點祖克柏很清楚：Facebook 上的用戶一般不會太在意除他們自己社交圈之外的其他人。祖克柏設想的理想情況是這樣的：成年人會成群結隊地湧入，而一般的大學年輕人甚至都不會注意到。

成大事就要拿得起放得下，後來的事實證明祖克柏的選擇是多麼的正確，Facebook 沒有接受當初雅虎十億美元的收購，而是選擇走出校園，現在 Facebook 不僅走出了美國的校園，更是走出了美國的國門，成為全球最大的社交網路交流平台，如此巨大的成功，讓當年為了十億美金動

心的董事們慚愧不已。而要像祖克柏那樣在處理大事件的時候，堅持己見，處理爭端遊刃有餘，就要目光長遠，膽大而心細。

在很多公司發展順利，取得一些成就後，創業者進取心也會增強，但很容易犯好大喜功、急於求成的冒進錯誤，或者面對收購的誘惑難以自持，就像 Facebook 那些年長保守的董事那樣，在雅虎的收購面前簡直恨不得立即成交。在此，我們不得不提醒的是，沒有長遠的發展計畫往往使公司在財務上陷入困難的境地，這是許多公司破產的最常見的原因之一。急切地盼望進入大型公司的行列或者讓公司轉化成有形的財富，這樣的想法無可厚非。不過，創業者在公司面臨大事件、需要做出重大抉擇時要防範經營風險，儘量做到拿得起放得下。為此，應著重做好下面幾點：

（1）對公司實力、創業者的能力，以及外部市場環境，做出正確的及精確的估價，獲取何去何從的主客觀方面的結論。祖克柏對於雅虎的收購提議不是沒有認真考慮過，但是當他看到像谷歌那樣的大公司在收購其他公司之後，也並沒有一個較為圓滿的收場，祖克柏不禁對於雅虎的收購能否實現自己的宏偉理想抱持懷疑態度。

（2）切忌急功近利，被眼前利益牽著鼻子走，要注意積蓄力量，做好擴張或高速發展的準備。十億美金的重金誘惑讓董事會中的一些保守分子動心了，但是祖克柏沒有，他心裡清楚 Facebook 遠遠不止這個定位。

（3）在併購其他公司或者被其他公司收購的同時，應該從定性和定量兩個方面權衡利弊得失。如果同意了雅虎的收購計畫，那麼 Facebook 的校外推廣計畫就不一定能夠按照祖克柏原本的計畫進行，所以，在金錢與理想的選擇中，祖克柏傾向後者。

（4）在投入一種擴張行動之前，必須仔細規劃總體的方針和策略。

祖克柏擴張校外市場當然不是盲目為之，而是他清楚 Facebook 的現有用戶一般不會對自己圈子之外的人加以關注，所以，也就不用擔心中年人加入會引起年輕人反感的問題。

（5）充分注意計畫的實施和專有技術，以及其他方面的細節，做到萬無一失。Facebook 的這次擴張是在原有技術框架基礎之上建立起來，正是 Facebook 原來的成功讓祖克柏對於校外市場的擴展充滿信心。

從上面五點可以看出，面對大事，想要做到拿得起放得下就要有長遠的計畫，充分的準備，面對任何阻力，都要有堅持初衷不動搖的決心。

【青年創業路標】

成功並不是不斷的往自己的背包裡面放進東西，以期在某個特定的時間得到更多的東西，而是要懂得拿得起放得下，因為我們創業的初衷，有時候並不完全是為了得到更多的物質財富，而是為了在夢想的路上走得更遠，

所以在面對類似於重金收購之類誘惑的時候，要有祖克柏拿得起放得下的氣魄，正是因為堅定拒絕了雅虎的請求，Facebook 才能開始擴張校外市場，才能擁有今日的全球市場，要知道，有些公司獲得成功的原因，純粹是機遇創造了條件，拿得起放不下的創業者容易錯過更大的機遇，在此，請牢記投資大師華倫·巴菲特的一句話：「在別人貪婪的時候恐懼，在別人恐懼的時候貪婪。」

Share 9——處理得當：危機即轉機

居安思危是每一個創業者必須具有的精神，不具備危機敏感度
的創業者，很難在變幻莫測的創業環境中生存或發展。祖克柏
如果沒有在第一時間察覺 Facebook 的危險境況，沒有第一時
間做出化解危機的行動，那麼 Facebook 也只能是曇花一現的
泡影。

1‧危機往往發生於細節

在市場中，許多企業雖有過輝煌的歷史，但由於創業者忽視危機的存在，沒能讓危機意識在企業內部長久存留，使企業最終因為一些發生於細節處的危機而走向衰落。

企業危機的大部分都是從細節處開始的，美國技術公司總裁威廉‧韋斯認為，如果一位創業者不能向他的員工們灌輸危機意識，表明危機確實存在，讓員工懂得關注細節，那麼他很快就會失去信譽，因而就會失去效率和效益。打造、灌輸危機意識，從細節開始防範危機發生，企業才能正視危機，迎接挑戰，轉危為安。

對於祖克柏而言，隱私資訊這一細節問題應當如何處理一直貫穿著Facebook的整個發展歷程，在Facebook歷史上，重大危機都是因為用戶隱私這樣的細節問題引起的。

2006年，Facebook默認的用戶保密設置僅限於用戶的學校、所在地區以及所告知的其他合理性的社區，而新開發的新聞動態突破了這個保密設置，其中的一個細節就是突出了用戶的Facebook社交圈中所發生的事情，它按照為個人訂製的排列順序更新一整天內發生的新聞故事，每一個人的個人動態會顯示他們個人主頁上最近的變化和更新的內容。這意味著Facebook把使用者的私人資訊發送給了很多人，這對於用戶來說，本來是一個極為細微的細節改進，但是，這個細節卻帶來了極大的負面影響，因為Facebook上所有關於動態新聞的消息中只有1%是正面評價，反對動態新聞的群組如雨後春筍般崛起，反對之聲此起彼伏。一次細節的改變，卻帶給了Facebook一場空前的危機和考驗。

在危機發生幾天後，祖克柏深知從細節處引發的危機也要從細節處來解決，他馬上做出了適當的調整，讓 Facebook 的工程師針對一些細節問題，迅速編寫出新的隱私設置功能，給予了用戶一些控制權，並讓使用者自由控制自己的資訊屬性，以確定哪些是可以被動態廣播出去的新聞，哪些是絕對的個人隱私，這些細緻入微的改進功能上線後迅速平息了用戶強烈的抗議聲。祖克柏也從這次由細節引發的危機中得到教訓，雖然人們渴望與朋友分享資訊，交流互動，但是資訊的交流還是要有限度的，每個人都有自己不願公開的隱私。祖克柏意識到，不僅要提倡資訊透明化，從細節處尊重用戶才是更為最根本的。

對於創業者而言，在很多時候，危機都是從較為細節的地方發端而來的，如果處理得當，克服細節處發端的危機能夠激發團隊的鬥志，並且可能形成一種巨大的力量，給企業帶來意想不到的收穫，就像祖克柏這次由隱私細節引發的危機，就幫助祖克柏意識到 Facebook 能夠在多大程度上突破用戶隱私的局限，能夠多大程度的發揚祖克柏資訊透明化的理念，而且，也讓祖克柏意識到細節問題的重要性，一旦有了這種關注細微處的嚴謹精神，Facebook 的潛力就能最大限度地發揮出來，找到可行的辦法，來打破環境和條件的局限。

千里之堤毀於蟻穴，很多危機都是從細節開始的，就像有人這樣形容一個螺絲釘的重要性：丟掉一個馬蹄釘就絆倒了一匹戰馬，倒下一匹戰馬就損失了一員大將，失去了一位將領就打敗了一場戰役，而一場落敗的戰鬥則覆滅了一個王朝。很多時候，細節上的問題不可怕，但是隨之而來的骨牌效應才是最可怕的，一個小小的細節問題，誰都難以預知會帶來什麼樣的毀滅性的影響，巴西的一隻蝴蝶煽動翅膀可能會引起北美的一場颶風，作為創業者，要學會像祖克柏一樣關注細節，千萬不能忽視了細節可能引發的危機。

　　而危機一旦發生，就要學習祖克柏的鎮定自若，正所謂泰山崩於前而色不變，猛虎躑於後而魂不驚。面對危機的態度就像一把尺衡量著一個創業者的成熟與否，遇事越沉著，離成功也就越近。冷靜地正視失敗，冷靜地分析形勢，冷靜地權衡利弊，冷靜地找出引發危機的細節，並且找出解決問題的辦法，那麼，危機便會化成一次幫助創業者成長的歷練機會。危機的出現並不可怕，可怕的是創業者臨陣驚惶失措，手忙腳亂，缺乏應變能力，不能及時發現引發危機的細節之處，及時處理發生的危機，不能採取有效的解決辦法和補救措施。

　　創業者面對危機最需要的就是沉著冷靜的心理品質。人在危急時容易恐懼、緊張、行為失措，結果只會錯上加錯，雪上加霜。因而，只有冷靜下來，人的智慧才能「活」起來，才能發現觸發危機的細節所在，尋找到擺脫危機的辦法。從祖克柏的這次處理細節引發危機的事件中，我們有很多地方可以學習，比如面臨危機時沉著冷靜，不驚慌；尋找關鍵的細節，明白此刻使用者需要的是維護他們過分暴露的隱私，處理危機的方向要正確，千萬不能南轅北轍；走好關鍵的一步，耐心處理好細節問題，不能急於求成，欲速則不達；除此之外，韌性也是處理細節問題的關鍵，黎明前的黑暗一定要挺住。有時堅持到了細節問題就要被解決即將勝利時，突然放棄了，很可惜。

．

【青年創業路標】

每一次危機都是從細節處發端而來的，但是其本身既包含導致失敗的細節根源，也孕育著成功的微小種子。發現、培育，以便收穫這個潛在於細節處的成功機會，就是危機管理的精髓。祖克柏雖然由動態新聞這一細節引發了一個隱私安全危機，但是他對於動態新聞的細節之處的改進，也從很大程度上促進了資訊透明化的推廣，讓 Facebook 變得更為吸引人。

這種關注細節並善於改善細節的品質值得每一個創業者學習，而習慣於錯誤地估計形勢，忽視細節重要性並使事態進一步惡化，則是不良的危機管理的典型。簡言之，如果處理得當，及時發現引發危機的細節，危機就可以被妥善處理，甚至完全可以演變為「契機」。

2．企業的發展需要此起彼伏的質疑聲

年僅 28 歲的祖克柏掌控著擁有 50 億美元收入的公司，這在常人看來有些超乎尋常，各種質疑的聲音從未間斷，因為他們總認為這是一個二十幾歲的小夥子所不能達到的高峰。但是，事實擺在眼前，任何質疑也不能否認祖克柏的能力，反而從另一個方面促進了 Facebook 的發展，因為這個年輕人有能力得到所有人的尊重。祖克柏對來自四面八方的質疑聲從來沒有直接反擊過，他只是在屬於自己的位置默默付出著努力，憑藉著那種相信自己注定會改變世界的信念，用自己的成績證明著自己的實力。

祖克柏在不斷實現眾人都認為難以達到的預期目標之後，在 2009 年，他又制定了年底用戶達到 2.75 億的宏偉目標。這個目標在當時看來是遙不可及的，質疑聲一如既往的潮水般湧來，當時想獲得大家的信心和支持是很困難的，因為一時間，很多人都在懷疑祖克柏是否有一些年少輕狂，是否有一些不切實際。面對這些負面的雜音，此起彼伏的質疑聲，祖克柏不置可否，他用自己冷靜的態度，自信滿滿的心態，近乎完美的營運方式，慢慢地向著自己的目標靠近。

事實上，到 2009 年的八月份，一切質疑都在事實面前灰飛煙滅了。到九月份，Facebook 遍及全球 180 多個國家。每天的新用戶高達 100 萬，用戶總量奇蹟般地衝破了 3 億大關！可見，對於祖克柏而言，質疑聲只是化作一股鞭策的力量，加快了他前進的腳步，絲毫不會減慢他行進的速度。

在面對質疑的時候，祖克柏的對策不是膚淺的與之爭辯，而是選擇

用最直接的方式，讓 Facebook 做得更好，讓現實的資料證明質疑者是錯誤的，而當質疑的聲音化成反對他的實際行動時，祖克柏同樣無所畏懼，他的回擊方式更是王者氣質十足，他會用極為巨大的成功，將反對者的聲音淹沒在塵埃中，在巨大的基數中，那些質疑的聲音顯得實在是不值一提。華頓商學院的專家們敏銳地發現，過去，Facebook 選擇推出新功能以及改變隱私設置時，並不會對網站的迅猛增長造成多大的影響。

因為，作為對網站最近變化的反應，儘管有些網誌作者和評論家關閉了自己的 Facebook 帳戶，不過，大體趨勢還是積極的。華頓商學院新媒體總監肯德爾·懷特豪斯說：「一位用戶的抵制是否能取得成功很值得懷疑，即使你設法讓一百萬用戶關閉了自己的帳戶——這可是個相當了不起的成就——這些人也只不過是 Facebook 1%用戶群體的四分之一。」這樣的質疑聲只占了多麼微小的比例。可見把 Facebook 強大到可以不被任何反對者傷害，這就是祖克柏對於質疑聲最好的回答。

祖克柏因為對人類交流方式極大的推進作用，當選了美國《時代》雜誌評選 2010 年度人物。不難想像，能夠當選《時代》雜誌的年度人物，其地位必將是舉足輕重的。這是對祖克柏最為有力的肯定。但是，祖克柏當選為《時代》雜誌的年度人物並不是所有人都認可的，還有很多反對聲和質疑聲。

聽到祖克柏當選了《時代》雜誌年度人物後，竟然有 1 萬多名抗議者擁向《時代》雜誌位於紐約曼哈頓的辦公場所，舉行抗議活動。很多人都產生這樣的質疑：如此年輕的馬克·祖克柏憑什麼成功當選？他的成就究竟在哪裡？尤其是美國科技大會的卡拉斯威舍就曾經稱他為「幼童總裁」。但祖克柏又一次用自己的實力說話，當她看了電視台對祖克柏 60 分鐘的專題採訪後，她馬上意識到了自己的無知，向祖克柏公開

道歉。

　　《時代》雜誌之所以將 2010 年年度人物評給祖克柏，是因為「他完成了一項此前人類從未嘗試過的任務：將全球 5 億多人口聯繫在一起，並建立起社交關係。」它是這樣評價祖克柏的：為把世界上超過十億的人連接起來並且在他們之間建立網路聯繫；為交換資訊而創建的新系統；為改變我們現有的生活，馬克‧祖克柏當之無愧為 2010《時代》雜誌的年度人物。馬克‧祖克柏的當選，其實是社會化網站進入主流，並在各種層面上開始影響社會的標誌。

　　質疑聲對於祖克柏而言，從未停止過，但是祖克柏帶領 Facebook 不斷進步的腳步也從未停止過，他懂得讓企業的發展跑在質疑聲的前面，用事實證明，那些質疑聲是錯誤的，在祖克柏身上，質疑聲不再是負面的阻力，而是被他化為了督促 Facebook 不斷進步的動力。成立於 2004 年的 Facebook，如今已經擁有近 6 億用戶，相當於全球近 1/10 的人口。該網站每天有大約 100 萬新用戶註冊，每分鐘處理 17 億次互動。在 CSDN SD2.0 大會上，來自 Facebook 的高級研究科學家蔣長浩說：「超過 50% 的 Facebook 用戶每天都在登錄網站。」這更是 Facebook 對於各種質疑聲的有力回擊。

　　隨著社交網路的普遍流行，我們已經進入了「Facebook 時代」，科技的社會化顯然成為當前最大的發展趨勢。祖克柏在接受《時代》雜誌的視頻採訪時說：「Facebook 本身就是社會化威力的最大獲益者，最開始只是做了對其他人也有價值的一個東西，但口碑效應使這個 Web 服務不斷增長。」顯然，祖克柏所說的口碑效應包括的不僅是正面的誇讚，還有負面的質疑聲，但就連質疑聲，也被祖克柏化為了變相的宣傳力量加以利用，為自己的企業發展注入了一股推進力量。

【青年創業路標】

曾經的小孩子在一片質疑聲中勇敢成長，已經變成了一個網路「奇才」。祖克柏真正實現了自己的夢想，他的堅持和努力沒有白費，面對質疑他的成績比什麼言辭都有用。隨著時代的發展，社交網路的普遍化，Facebook 這個平台必將繼續發展，為個人和小團隊發揮潛力創造更多的機會。當然質疑聲將會一直此起彼伏伴隨 Facebook 的成長，但是祖克柏早已懂得如何將這些質疑聲化為自己前進的動力，不斷的改進 Facebook，進一步發揮它強大的特色功能，讓人與人之間的交流更加有趣、便捷、順暢。

3·危機公關，化解危機並利用危機

危機不僅帶來麻煩，也蘊藏著無限商機。善於利用危機，會把危機變成轉機，甚至迎來難得的發展機會，這都是有可能的。一般來說，危機降臨時，往往對創業者形成巨大壓力。但是創業者要擺脫危機，消極躲避是避不開的，因而要主動出擊，但如果硬碰硬，則有被危機壓跨的危險。這就需要巧以應付，把危機所形成的不利態勢巧妙轉化形成反彈之勢，這樣常常不僅能擺脫危機，還可反敗為勝。所以做好危機公關，往往有可能化解危機利用危機，把危機化為轉機。

創業的公司要在發展的過程中，難免不會遇見各種危機，危機並不可怕，可怕的是不懂得利用為自己的下一步做鋪墊，而是被危機帶來的負面影響拖垮。就像任何聰明的創業者都會犯錯誤，祖克柏也是這樣，為了推進 Facebook 的發展，他推出了一項輔助性服務，但是沒想到這項服務有一個致命的設計缺陷：當用戶在一個網站上買了東西，這項服務不會主動將其所參加的活動內容發送給使用者在 Facebook 上的朋友。但是會在網站上彈出一個小小的下拉式功能表，詢問使用者是否不想發送那個資訊。這時，如果用戶不是主動地加以阻止，那麼系統就會向使用者的朋友發送消息。用網路術語來說，就叫做「選擇性退出」。而且這個選擇性退出功能表在消失之前僅出現幾秒鐘的時間，許多用戶完全注意不到這項選擇，即便注意到了也很容易錯過點擊。

這項服務使使用者深深地感到自己的隱私受到了侵犯。許多用戶氣憤地認為，Facebook 是在利用使用者資訊獲取更多的利益。祖克柏一時大意的選擇導致了這次危機，導致 Facebook 公司在公眾心中的形象一

落千丈。面對這次危機對 Facebook 的社會公信力造成的嚴重損失，祖克柏針對用戶和媒體的抱怨和指責，採取危機公關的處理方式，以最快的速度做出了回應，自己親自寫了道歉信發佈在具有影響力的媒介上，向廣大使用者表示歉意，並對這次事件做出了一些安撫人心的公開的聲明和解釋。

隨後，祖克柏又推出了針對這一問題的改進程式，這次的改進讓用戶們很滿意，並開始在朋友之間口耳相傳。於是，借助這次危機事件，祖克柏巧妙的宣傳了 Facebook 的新功能，把危機化為一次轉機，有效的推動了 Facebook 的發展。面對危機，祖克柏的危機公關值得每一個創業者學習，具體來說，面對危機的時候，我們首先要盡快地掌握事實真相的原貌。這是尋求妥善處理事件的前提。所謂「知己知彼，百戰百勝」，即在處理危機時，首先要明確的就是危機的癥結，找到危機產生最根本的矛盾所在，才有可能找到消除危機的突破口。然後，調查研究，弄清危機來源。只有首先透過調查研究，弄清事情的來龍去脈，創業者才能為以後事件的處理做到有的放矢。

祖克柏就是很清楚的意識到這次的危機，從根源上說，還是用戶隱私的問題，所以他對於 Facebook 這一侵犯隱私的功能馬上做出道歉。媒體的力量是危機公關中不可或缺的一部分，創業者要懂得聯繫傳媒，爭取輿論支持。由於新聞界的特殊地位，新聞媒體的影響範圍異常廣泛，對公眾的輿論導向作用極大。所以，發生危機後，私營公司應廣泛聯繫新聞界，利用新聞傳播，增加組織的透明度，增強組織與公眾之間的溝通與交流，消除事件的影響。祖克柏的道歉信就不僅發表在 Facebook 上面，還在各大媒體上加以刊登，充分利用媒體的力量將自己的態度轉達給大眾，產生了化解危機的作用。所以在處理危機的時候，坦誠對待公眾和新聞界很重要。

危機一旦發生，往往成為新聞媒介及公眾關注的焦點，這時當事人的坦誠往往成為博得新聞界的信任與支持的有效武器。同時，馬上做出改正姿態，維護公司形象，消除事件後果。因為在危機中公司形象極有可能受到挫傷，在處理危險的策劃中，創業者要由始至終注意公司形象的維護，同時，做出順應民心的改進，就像祖克柏及時推出改進功能一樣，借助這次危機，反而將 Facebook 改進後的新功能讓更多的人知道，讓 Facebook 在看似不經意之間大大宣傳了一次。對於危機，微軟的創始人比爾·蓋茲也曾說過一句很有深意的話，他說：「微軟離破產永遠只有 18 個月。」這句話是經典的危機防範名言。那麼如何有效進行危機公關，將危機化為轉機呢？首先創業者要清楚危機的四個週期：

（1）危機的初期。

危機初期的主要現象是各種消息模糊不清、謠言四起、造成社會公眾對公司的誤解、偏見，甚至敵視。Facebook 這次的新功能發佈後，用戶喝倒采的階段就是危機的初期。這一時期，創業者及公共關係人員還沒有介入具體的危機搶救工作，只是剛剛開展危機溝通計劃的程式。

（2）危機穩定期。

進入這一時期後，危機的真相基本上公諸於眾，祖克柏已經清楚是 Facebook 的新功能又一次有侵犯用戶個人隱私的嫌疑，此時，企業和社會公眾都比較清楚到底發生了什麼事。公司也已經開始採取一定行動，創業者及公共關係人員已將相關資料分發給新聞媒介，各種謠言不攻自破，消息漸趨穩定。

（3）危機搶救期。

此時，創業者應指揮公共關係人員設立「單一資訊發佈中心」，及時向新聞媒介和社會公眾發佈危機搶救工作的最新消息。祖克柏就在第一時間透過主要媒體向用戶發佈了自己的道歉信，以最快的速度表明了

態度，並且讓用戶知道 Facebook 正在為彌補這個過錯而努力。在發佈各種消息時，一定要堅持「公開事實真相」的原則，以避免新聞媒介和社會公眾的猜疑。

（4）危機的末期。

危機搶救工作即將結束，創業者及最高管理層和公共關係人員，還需要開展一些具體的工作，妥善處理危機後事和安撫人心。同時，公共關係人員還應對危機發生的原因進行調查，寫出詳細的調查報告，並提出防止危機重演的計畫與具體措施，祖克柏和他的團隊就在這次危機中汲取了教訓，明確了用戶隱私許可權的底線，在日後開發軟體的時候，能夠有的放矢。

正所謂知己知彼，百戰不殆，要想有效解決危機，讓公司處境轉危為安，瞭解危機管理的四個週期並能依此尋找到明確的解決辦法，就顯得十分必要。就像經濟學家理查・巴斯卡說的那樣：21 世紀，沒有危機感是最大的危機。然而只有危機感是不夠的，還要做到防患於未然，懂得如何做好危機公關，以下是化危為機的方法：

（1）以誠相待。

英國著名危機管理專家理傑斯特尤其強調實言相告的原則。他指出越是隱瞞真相越會引起更大的懷疑。一旦外界透過種種手段瞭解到某些事實真相，將會使公司陷於非常不利的局面。祖克柏在處理這次危機的時候沒有任何隱瞞，而是以誠相待，透過自己的道歉信告知了用戶真相。

（2）借勢反彈。

危機往往對公司形成巨大壓力，這需要巧以應付，把危機所形成的不利態勢巧妙轉化形成反彈之勢。在平息這次危機之後，祖克柏借助這個危機的輿論聲勢，為 Facebook 的新功能做了一次別致的宣傳。

（3）休眠法。

保持清醒靜觀其變進入休眠狀態，大力縮小公司的空間和經營範圍，保留公司核心，節省開支度過現金危機，樹立信用形象。休眠過後，時機一到，看準後立即動手。

（4）化敵為友。

化敵為友也是一種以退為進的方法。公司的危機來自「敵人」時，如不能戰勝它，可考慮採用此方法。

（5）自揭其短。

自揭其短也是一種以退為進的方法。揭露自己的短處，不是目的，而是為了向後退一步擺脫危機，然後大步向前。

（6）求助政府。

公司在遭遇危機時，遵循一定的程序，履行一定的手續。大膽地求助政府，也是擺脫危機的好方法。

（7）求助法律。

在市場競爭中，當公司因合法權益被侵害而遭遇危機時，求助法律即可擺脫危機。

（8）求助銀行。

有時候大膽地求助銀行不僅能擺脫危機，還可事半功倍。

（9）求助媒體。

資訊時代，新聞媒體的作用可謂大矣，當公司遇到危機時，切不可忽略新聞媒體的作用。借助於媒體有時也能擺脫危機，反敗為勝。

商場變幻莫測，征戰在其中要時刻保持危機感。危機有糟糕的一面就有好的一面，如果能把握好化危為機的訣竅和方法就能反敗為勝，掌好公司平穩前行的舵。

俗話說，好事不出門，壞事傳千里。危機事件發生後，很快就會不脛而走。如果耽擱時間，只會擴大不良影響，惡化組織在公眾心目中的形象，而如果立即加以妥善處理，向公眾顯示出自己真摯的誠意和高超的運作能力，則可以轉危為安，巧妙的透過危機公關，利用危機，把危機化為轉機。

4‧勁敵面前，理智對抗

步入十倍速的競爭時代，勁敵林立，競爭早已不局限於小範圍的爭奪，而是進入了白熱化的階段。競爭的邊界日漸打破，商場變成了商海，企業面臨的是高手對決的生存挑戰，正所謂一著不慎，滿盤皆輸，面對勁敵的時候，保持一顆清醒理智的頭腦，理智對抗，遠比低頭蠻幹有效得多。世界變幻無常，商界更是風雲詭譎，理智對抗，精準把握市場脈動，獲得的將不僅是發展的先機，更是決勝的砝碼。作為市場戰略，理智對抗相對於資金、生產效率、產品品質、創新觀念等，更具有緊迫性和實效性。因此，在勁敵面前保持理智，是贏得市場競爭最後勝利的首要條件。

任何事物的發展都不可能一帆風順，創業者更難免會遇到勁敵的挑戰和威脅，Facebook 也不例外。當 Facebook 的影響在不斷擴張時，它卻受到了來自「CU 社區」等網路勢力的阻礙。Facebook 在哥倫比亞大學開放後，遠沒有他們預想的那麼順利。因為在這個學校裡面，Facebook 進入前一個月，就有一個叫亞當‧戈德堡的學生推出了商務網站「CU 社區」。當 Facebook 進入哥倫比亞大學的時候，CU 社區已經在其本校的 6700 名本科生中擁有了 1900 名活躍用戶，更糟糕的是，CU 社區也正以很快的速度向外校擴展。同時，在耶魯大學中由學生管理的學校理事會還推出了一個名叫 YaleStation 的約會網站和線上相冊。儘管沒有 Facebook 這麼多的特色服務，但它也收到了相似程度的歡迎。在很短的時間內就已經有三分之二的耶魯大學本科生註冊。這對 Facebook 來說絕對是棋逢對手，是來自勁敵的極大威脅和挑戰。

　　這種網路力量的興起成為 Facebook 的勁敵，這讓一些不理智的人認為 Facebook 在哈佛以外的學校裡沒有什麼發展的前途了，對祖克柏和他的團隊也都喪失了信心。但是，這些困難並沒有讓祖克柏的信心動搖，在勁敵面前，他選擇理智對抗，他一直深信自己精心設計的服務有立足和發展的資本。而且，經過理智分析，祖克柏發現在這些遇到阻力的學院，他還有與勁敵對抗的優勢——他的好朋友們，在 Facebook 面臨危機的時候，這些堅定的夥伴給予了強有力的支持，也可以說是祖克柏戰勝勁敵的有利武器。當時，祖克柏理智分析了各個網站的市場占有情況，並決定將網站的服務對象進一步拓展到整個常春藤聯盟學院。很快，祖克柏透過改進服務等多種手段，迅速攻占了常春藤各大院校的廣闊市場。

　　之所以能夠快速進入這些學校，是因為祖克柏理智應對來自勁敵的挑戰，理智分析形勢，積極發掘有利自己的資源，其中最重要的就是用 Facebook 的強大功能說話，並且借助了一些夥伴的幫助，這些都給 Facebook 帶來了極大的生機。祖克柏高中時期的一位校友在達特茅斯學院擔任學生服務委員會的主席，像哈佛大學、賓夕法尼亞大學、耶魯和其他學校的學生會一樣，達特茅斯的學生會積極地幫助祖克柏線上推廣 Facebook。這次來自強勁對手的挑戰，被祖克柏理智的對抗方式輕鬆化解。

　　對我們年輕的創業者來說，創業過程中遇見強手勁敵的挑戰在所難免，但是，遇見強敵不能退縮，也不能衝動冒進，而要懂得理智對抗，要冷靜的分析當前形勢，看清自己掌握的種種資源，然後充分調動起這些資源，幫自己戰勝勁敵。像祖克柏面對其他社交網路強勁的發展帶來的挑戰時，他就理智的選擇了動用各校中的校友資源，借助朋友的力量，幫自己贏得了勝利。除此之外，下面還有幾方面資源可供創業者選

擇，因為這些資源都具有公共屬性，所以，對於創業者來說沒有過多的局限，運用得當，能夠讓創業者漂亮戰勝勁敵，取得勝利。

Facebook 領先市場，可以帶給我們兩點啟示：第一，如果企業不肯推出更新的商品取代自己的商品，別的企業就會取代你；第二，面對產業的更新，誰能領先改變，誰就能掌握先機。市場競爭，勝者為王。創業者要明確一點，沒有最好，只有更好。Facebook 走上正軌以後，祖克柏就像一位哲學家和思想家，不管在任何時候都讓自己的心平靜下來，藉由思索找到解決問題的方法，使自己的企業得到進一步發展。

（1）勁敵面前，自我更新。

比爾·蓋茲說：「在微軟仍然盛行千萬富翁精神，因為我們的主要目標之一就是不斷自我更新——我們必須確保是我們自己而不是別的什麼人將我們的產品更新換代。」同樣作為蓋茲的好友，祖克柏也是深諳自我更新的道理，在對校外擴展的時候，他時刻不忘自我更新，不斷增加Facebook的新功能，因為新思想、新思路的獲得是成功的必備要素，在日常工作中，必須學會經常性的變化，樹立自我更新的理念。一個墨守成規的人，無法適應變化，必將被淘汰。

（2）理智應對，改善產品。

市場上總會有很多不同的產品，創業者的一個重要目標就是要不斷改善自己的產品，滿足顧客的新需求，適應市場競爭新形勢。祖克柏在面對勁敵競爭的時候，取得勝利的最重要原因就是致力於改善產品，當然，改善產品的前提是，充分把握市場，暸解未來的發展趨勢。

（3）反擊勁敵方向要正確。

方向錯了，一切努力都會白費。Facebook 的產品領先，首先是經營方向正確的結果。對於社交網路的未來，祖克柏認為是現實世界和網路世界的完美結合，所以實名制勢在必行，而今天全球社交網路的格局，

已經驗證了上述論斷的正確性。

（4）用創新擊敗勁敵。

每一次 Facebook 試圖擁有一個新的市場，就不斷向自我挑戰，推出更新的功能。Facebook 公司不斷進行漸進的功能革新，並不時有重大突破，在公司內部形成了一種不斷的新陳代謝的機制，使競爭對手很少有機會能對 Facebook 構成威脅。其不斷改進新產品，定期淘汰舊產品的機制，始終使公司產品成為或不斷成為行業標準。創新是貫穿 Facebook 經營全部過程的核心精神，也是 Facebook 在面對勁敵想要取勝的一個重要原則。

戰勝勁敵的過程，就像蠶蛹蛻化為蝶的過程，充滿艱辛與痛苦，也充滿喜悅與歡欣。作為創業者，大都希望在最短的時間內擊垮勁敵；但競爭取勝並非一開始就能看到明顯效果，要想取得最終的勝利，取得輝煌的戰果，是要經過一連串管理改善的過程組成的。在過程與結果之間，有相當長的一段艱難的路程需要整個團隊攜手共進。以上的這些方法都是理智應對勁敵挑戰的有效舉措，理智的運用這種資源為自己服務，讓自己的企業在面對勁敵的時候有所依靠，是創業者讓自己的企業走得更遠的保障。

〜〜〜〜〜〜〜〜〜〜〜〜〜〜〜〜〜〜〜〜〜〜〜〜〜

【青年創業路標】

在面對勁敵挑戰的時候，企業一定要時刻保持冷靜的頭腦，理智對抗，儘量爭取掌握對抗的主動權，動用這種資源為自己助勢，就像祖克柏在面對強勁隊對手的時候，理智的動用了常春藤聯盟內自己的校友資源。身為創業者的你，在遇到勁敵的時候，也不能莽撞的獨自迎戰，而要懂得理智對抗，發動所有有利的資源都來幫你，從而贏得挑戰。

5．創業遇到瓶頸時，要能理智面對

　　創業公司的成功應該是制度和人治的完美結合，或者說是制度制約下的人治的完美發揮。目前，許多創業公司的制度還不健全，有的公司運作完全靠人治。在這種情況下，創業者的統御之道就成為企業能否良性運轉、做強做大的一個決定因素。

　　什麼樣的創業者才能獨當一面呢？

　　什麼才是卓越的領導力呢？

　　英國卡德伯里爵士認為：「真正的領導者鼓勵下屬發揮他們的才能，並且不斷進步。失敗的創業者不給下屬自己決策的權利，奴役別人，不讓別人有出頭的機會。」作為後者，不懂得發掘員工能動性的創業者，是很難在創業遇到瓶頸的時候獨當一面取得成功的。

　　有什麼樣的創業者，就有什麼樣的企業。一家企業能不能做強、做大，跟創業者的辦事能力有很大的關係。為什麼有的企業一直做不大呢？因為這些創業者的能力有限，他只能處理好一些常規性的問題，而當創業遇到瓶頸的時候，不能夠獨當一面，沒有足夠的能力將問題解決。他們不僅自己的辦事能力不足，就連發動團隊共同協作的鼓動力也很缺乏，所以大事小事都是自己在瞎忙。結果呢，創業者的工作越忙，整個企業的工作效益越低，往往夭折在瓶頸期。要知道沒有無用的下屬，只有無能的老闆。創業者應該在最重要的事、最緊要的事上獨當一面，而不是一天到晚在忙些雞毛蒜皮而毫無效益的事情。一個聰明的創業者一定要學會獨當一面。

　　Facebook 發展迅猛，但是很快也迎來了創業必經的瓶頸期。

Facebook 線上用戶的幾何倍數成長給公司的持續發展帶來極大的壓力。Facebook 的用戶從當年 6 月的 300 萬增至 10 月的 500 萬。這是令人難以置信的增長，但即使員工們慶祝人數不斷增長這一成績時，他們還必須努力工作來防止這種增長帶來毀壞性的後果。公司技術的發展速度必須要跟得上其會員增長速度。祖克柏為應付每天出現的危機狀況而忙得不可開交。他回憶當時的情景時說：「這個資料庫快要超載，我們需要解決這個問題，使用者不能發送電子郵件，搞定它！這個星期我們差一點就超載了。下個星期肯定會超載，網站將不能運作。我們不得不增大負載容量。」祖克柏經常指揮技術人員駕車去聖克拉拉的資料中心接通更多的伺服器。到年底，Facebook 在其資料中心的伺服器和網路設備上花了 440 萬美元。雖然險象環生，但是，祖克柏依然獨當一面戰勝了這些困難，保證了公司的平穩發展。

Facebook 不再是小公司了，祖克柏對於如何把持公司的發展方向也是獨當一面，並用他獨具特色的方法，讓公司的同事們知道，這艘航母會朝著一個什麼樣的方向駛去。起初，有同事勸祖克柏寫下他有關策略和步驟的想法。於是，在接下來的那個星期，祖克柏帶著一個皮封面的小日記本來參加會議。埃法西說：「他把本子打開，上面一頁頁寫的是極小的手寫文本。」祖克柏的手寫稿非常清晰，像建築師或設計師的手寫稿一樣，但他拒絕讓埃法西閱讀他的筆記。

「我告訴他，記筆記的用意是與其他人溝通，」埃法西說，「結果他朝我看了看，好像從來沒有聽過這個觀念一樣，然後他反問我：『是嗎？真的？』」可見在祖克柏的眼中，制定公司發展戰略，是他一個人應該完成的事情，他從未想過讓其他人一起承擔這樣的責任。

儘管祖克柏向來獨當一面，並把這本日記看得很緊，但一些同事還是偷偷看到了其中一些內容，上面細緻地寫下了他對公司未來的展望。

在其封面頁上,列出了祖克柏的名字和住址,還有一個備註:「如果你撿到了這個本子,請把它歸還到上面的地址,你將得到1000美元酬謝。」

祖克柏把它稱做《易經》,在其下有一句引言:「欲變世界,先變自身——甘地。」在本子內,祖克柏用清晰而漂亮的草書寫下冗長而詳細的描述——他希望在不久的將來開發的服務功能,包括後來開通的「動態新聞遞送」(NewsFeed)功能;他計畫向各種類型的用戶開放註冊;將Facebook變成由其他人開發的應用程式的一個平台。根據那些讀過它的人說,這個本子的某些內容幾乎是意識流。連祖克柏也時不時地在空白處記下「這個想法看來並不能實現」,但對公司內部很多讀過它的人來說,其影響力似乎不亞於米開朗基羅的寫生簿。

總之,一個創業型企業的成功有其成功的基因、成功的企業靈魂、成功的企業文化,而創業者本人是最大的的關鍵。一名成功的創業者要在遇到發展瓶頸的時候獨當一面做出正確決策必須具備五種能力:

(1)提出問題的能力。

祖克柏的筆記本無疑寫滿了他對於Facebook發展提出的各種問題,而這些問題就是Facebook日後可能會遇見的瓶頸,祖克柏在問題出現之前就加以考慮,為自己能獨當一面戰勝困難打了提前量。創業者要及時發現經營管理活動中所存在的問題,並運用各種理論知識和科學方法,做出判斷,並指出這些問題,哪些應由上層解決,哪些應由中層解決,哪些應由下層解決。

(2)分析問題的能力。

從全域出發,以戰略眼光,對問題加以分析,依據其緊迫性、嚴重性、擴散性,加以分類、排隊、篩選,從中挑選那些對全域有嚴重影響的問題作為重點決策問題。

(3)解決問題的能力。

Facebook 當時面臨的最大問題就是超負荷，祖克柏在分析問題之後，及時調派人手去解決這個問題，從而保證了 Facebook 的平穩運轉。一是優化能力，即從多個可行方案中抉擇最優方案的能力。二是適應能力，決策問題往往涉及許多學科，有些管理者的專業知識可能不適應。這時應該和依靠有關專家共同探討解決問題的途徑，用組織能力彌補技術能力的不足。

（4）檢查決策實施的能力。

決策實施時，主客觀條件在不斷地發展與變化，所以祖克柏對於工作的進展始終保持關注。一般來說，出現新的工藝技術變化，或市場環境的變化，就可能會引起生產管理上的某種突變。為保證決策能力在動態中運用自如，創業者應不斷對決策進行檢驗，並及時調整或修正，以保證決策的正確實施。

（5）直覺判斷能力。

很多情況下，決策需在很短的時間內進行，反覆研究、反覆推敲只會貽誤時機，祖克柏做出很多獨立選擇的時候都是憑藉超強的直覺，而後來的事實證明，他的直覺判斷是正確的。因此，往往要求決策者依靠直覺加以判斷。這種直覺判斷的正確性取決於創業者長期的經驗累積和應變能力。沒有每算皆準的決策者，但是，勇於實踐和長期的磨練則可以提高這種直覺判斷能力。

有的創業者在面對企業發展瓶頸的時候，以賭博的心態做生意，這樣的話沒有不賠的道理。有句話說得好，成功是 100 個因素共同作用的結果，而失敗只要一個因素就足夠了。創業者要獨當一面，做出理智判斷，一定要理性，明確決策。

【青年創業路標】

祖克柏在面對 Facebook 發展瓶頸的時候,總是能夠不負眾望獨當一面,而且他也有能力讓他的團隊知道自己在想什麼,他希望 Facebook 成長為什麼樣子,他們的團隊下一步要朝著哪個方向全力以赴。他用他的理念,組成一個極富 Facebook 特色的團隊,為公司的發展注入了鮮活的能量,讓公司能在現有基礎上積極發展,取得更高的成就,在他的帶領下突破更多的瓶頸。

6・健全的財務計畫給你最大的安全

要想創業成功，懂財務不一定行，但不懂財務肯定不行，創業者意識不到財務的作用，不懂得用財務，失敗是早晚的。創業型的企業特點是數量多，但規模小、效益差、生命週期短，落後的財務管理思想和方法是其深層次的原因。常言道，搞通財務出利潤。商場上每天主要的工作就是和錢打交道，健全的財務計畫、良好的帳目制度、正常的現金流、熟知投資禁區和技巧，等等，這些都是你在商場上叱吒風雲、將自己企業做大做強的堅強後盾。

在初創公司的財務計畫方面，Facebook是一個異類，雖然與眾不同，祖克柏有他自己健全的財務計畫確保 Facebook 在他領導下健全平穩的發展。在融資方面，Facebook 並沒有硬要外部資金的注入。成長前景被看好、成本增加，這樣一個新成立的矽谷公司一般會尋求風投們注入大量現金，對 Facebook 這種規模的公司來說，投資額大概是幾百萬美元。但如果風投們確實投了大量資金，那他們將厚顏無恥地拿走公司的優質資產而獲益——例如，公司的極大一部分資產，也許是 1/4 甚至可能是1/3。派克在 Plaxo 公司曾經經歷過這些，在該公司與風投們的意志之戰中敗北，結果被踢出了他自己的公司。在他看來，這樣的結果糟透了。他對風投的厭惡成功地影響了祖克柏的看法。他倆下定決心，要制定屬於自己的健全的財務計畫，對公司的未來發展保持絕對控制權。說到底，他們只是需要幾十萬美元來多買幾個伺服器。

祖克柏的財務計畫的宗旨就是融資的同時保持自己對於 Facebook 發展的主導權，只有這樣，才能讓他感到有安全感。祖克柏的好友肖恩

·派克加盟 Facebook 幾天之後，他打電話給他的朋友，Linkedln 的創始人雷德·霍夫曼。霍夫曼也是一個願意向小型初創企業或創業者提供大量創業資金的投資者。在派克和 Plaxo 鬧得很僵的時候，霍夫曼一直指導著他度過那段痛苦的時光，並成了他的密友。派克是個講求實際的人，他知道，讓 Facebook 保持六度空間的那種獨特性是非常重要的。霍夫曼幾乎是馬上就看上了 Facebook，但由於他自己是 Linkedln 的創始人，他安排派克和祖克柏與彼得·泰爾會面，彼得是財務融資方面的天才，有著一頭濃黑的頭髮，他是 PayPal 的聯合創始人，並曾擔任公司的領導人，現在是一位私人投資者。

祖克柏的財務計畫很有特色，泰爾也是一個逆市而行，有自己想法的人。一般投資者仍在觀望消費網際網路公司，並回想當網路泡沫破滅時他們的損失有多麼巨大。泰爾回憶道：「因此，我們覺得這是一個潛藏機遇的領域，而且在消費網際網路這個領域內，社交網路系統似乎處於萌芽階段。但在 2004 年，社交網路被認為是一種朝開暮謝的行業，人們覺得投資於這種公司就像投資於一個牛仔褲品牌一樣。人們懷疑，所有這種類型的公司是否會像流行時尚一樣曇花一現。」但是泰爾所瞭解到的 Facebook 的意義給予了他信心。

祖克柏的財務計畫宗旨就是保持自己對 Facebook 的主導權，只有那樣，他才會覺得有安全感。在談判中他並未裝腔作勢，也沒有不懂裝懂。當談話內容很快轉換到投資的技術性細節上時，有關投資合作事宜，泰爾拋出了一堆技術術語和行話。祖克柏不斷打斷他的話：「向我解釋一下，那個詞是什麼意思？」幾天之內，在與派克來來往往地進行了一些交流之後，泰爾同意了這項投資，這也許是矽谷歷史上最重大的投資之一。他決定向 Facebook 投入 50 萬美元換取公司 10% 的股份。那麼，公司的估價則為 500 萬美元。相比其他人擺在祖克柏面前的條件，

500 萬美元的估價稍低，但他很高興能找到一位這樣的投資者，他覺得泰爾應該不會對他的經營設置諸多限制。這次融資極大釋放了公司的財務壓力，使祖克柏相對來說比較容易地繼續推進 Facebook 的發展。

公司迅速成長，吸引融資是好事；同時創業者要做好護航工作，在財務方面多花心思，建立起健全的財務體系，並妥善解決各種隱患。在創業型公司中，建立一個合適的財務管理體系非常重要。因為過高的財務管理要求、人才配備，過於繁複的流程制度，不僅不會促進業務的發展，管理的提升，反而可能導致業務部門的反感和抵觸，影響業務的發展，祖克柏的財務體系可以說很是幹練，他本人和派克透過極為高速的運轉解決了融資問題，比起冗雜的大型財務體系，這樣的方式對於創業型的公司更具有借鑑價值。

其實，在公司成長中，面臨的一個很大誘惑是融資。就像祖克柏這次面對的其實遠遠不只泰爾這一家投資人，但是祖克柏在謹慎考慮之後還是選擇出價不是最高，但是能夠給自己最大發展空間的投資人，可見，面對融資的時候，保持清醒的頭腦很重要。對那些成長性良好的公司，銀行貸款、國內國際上市、戰略性或財務性的投資等很多機會主動來敲門。要發展多快才合適？這個問題的答案往往是和資金籌集緊密聯繫在一起的。只是，水能載舟，亦能覆舟，對這個問題的回答可能是成長性公司需要考慮的關鍵戰略問題之一，也是最大的風險之一。

制定健全的財務計畫的難題是控制。這表現在三個方面：一是擴張中的資金控制，二是擴張中的績效控制，三是擴張中的公司文化控制。這三方面都與財務管理有關。創業公司發展很快，這樣快速發展的直接結果是公司地域的分散，管理點的增多，人員規模加大，業務單元增多，各種法律實體形式增加，如分公司、辦事處、合資公司、子公司等。對 Facebook 而言，則是越來越多的用戶讓 Facebook 的伺服器不斷超載。這

種成本的增長必然引發成本費用的膨脹，管理複雜性和難度的上升。同時，在發展階段，資金常常是一種稀缺資源，這就造成一個矛盾。因此創業者必須尋找制定一個健全的財務計畫：既能夠滿足發展要求，又在可控範圍之內，從而保障公司在充足的資金支援下持續發展。

　　健全的財務計畫其實包括很多內容，從產品定價、業務組合、客戶選擇、銷售政策制定、生產採購決策等一連串重要經營決定，都需要相應的財務資料和分析建議。創業型公司面臨的市場是多變的，高成長必然引發新競爭者的加入，或更多參與到與大公司的競爭中。在這樣的環境中，由於資訊不到位而導致盲目決策或錯誤決策是很危險的。此時更應制定財務計畫要求創業者能夠主動從經營的角度看問題、發現問題，並能透過專業方法和工具，為公司制定健全的財務計畫。

【青年創業路標】

在公司發展的不同階段，需要不同的財務計畫與之配套。如果這樣的計畫有重大的缺失，或功能不到位，則會嚴重阻礙公司的發展。在公司迅速成長時期，創業者要避免因為財務問題扯後腿。祖克柏之所以將 Facebook 經營得如此成功，就在於他在公司急需資金的時候建立的健全的財務計畫，迅速得到合適的融資，在保證 Facebook 迅猛發展勢頭的同時，也保留住了自己對於 Facebook 的絕對控制權。

7 · 吃虧往往來源於貪欲

對待貪欲，創業者通常採取處理的方式也不同，其結果也就截然兩樣。有的人心理素質較好，具有理智控制自己欲望的勇氣和膽略，能夠正確地對待各種誘惑和自己內心的欲望，從而避免了自己吃虧，也為公司規避了風險，以利再戰。而有的人不能客觀地衡量其中利害得失，總認為貪心一點沒有關係，但是就是這樣的僥倖心理讓他們吃了大虧，甚至一敗塗地。合理的控制貪欲，就要學會慎重和深謀遠慮。當為各種誘惑所吸引，心中的貪欲萌動，明明知道自己難於駕馭時，應盡可能迴避這種消極情緒，在做出決定的時候儘量從全域考慮，不要只想到眼前的利益，因為一時的好處可能帶來日後無盡的麻煩，吃虧也都是因為這一世的貪欲引起的。

祖克柏雖然是一個正值年輕氣盛的二十幾歲的年輕創業者，但是面對很多誘惑他都能控制住自己的貪欲，哪怕是讓一般人眼紅的重金，都不能改變他對創業初衷的堅持。

2005 年，傳媒大亨默多克旗下的 MTV 曾出價 7400 萬美元，想買下 Facebook。此後，微軟、蘋果開出了更高的收購價，祖克柏都不作回應。2006 年，雅虎公司更是報出了 10 億美元的高價。但是，年僅 22 歲的祖克柏並未為這 10 億美元的誘惑勾起貪欲，而是果斷地拒絕了。這一舉動令很多人都大為不解，然而，祖克柏十分清楚自己要的是什麼，Facebook 發展前景無量，放棄夢想將是他最大的損失，一時的貪欲會讓他在日後 Facebook 的發展中喪失決定權，從而吃大虧。大多數人貪戀的金錢對於祖克柏來說也很有吸引力，但他懂得控制自己的貪欲，以

Facebook 的發展為重，他最看重的是自己的夢想，是 Facebook 的成長。他不是那種不會為了一時貪欲而吃大虧將 Facebook 拱手讓人的人。

祖克柏能夠很好地控制自己的貪欲還體現在他對網站的管理上面。好的社交網路，不僅開放，還提供秩序。在中國，人人網曾經吸引了國內 80％～ 90％的大學生，但正是由於人人網的管理沒有跟進，貪多貪錢，無限制的希望吸引更多的用戶和廣告投資商，而忽視了網上社區的秩序維持，詐騙和黃色內容的一時氾濫讓原本的大學生用戶失去了信心。而校內網也是如此，曾對外宣佈進軍白領、高中市場的校內網，試營運不久又做了業務收縮，最大的挑戰仍是一心想盲目做大貪大而自己能力不足的問題。

但祖克柏從建立 Facebook 至今一直不變的理念就是以人與人要以溝通為本，他堅持 Facebook 不能為了吸引越來越多的用戶而放棄了網站的真實性，一般創業者都容易犯的貪大貪多的問題，在他這裡被控制得很好，而 Facebook 也因為祖克柏對於貪欲的合理控制而避免了吃虧，贏得了日後更大的成功。因為對於設計網路真實性的堅持，Facebook 被視為全球 SNS 的鼻祖，這正是源於它定義了社交網路的屬性必須是真實的社交關係向網際網路的延伸，而不能貪求用戶量的一時虛增而放棄了實名制。

匿名、假名、冒充名人一直都是網際網路上的一貫規律，匿名會帶來網站用戶量的激增，但是從長遠來看，這樣的做法還是會吃虧的。祖克柏深知這一點，如果不能解決大部分用戶實名的問題，那麼真實性始終會被蒙上陰影，於是 Facebook 推出的實名制遮罩了這個障礙。Facebook 根本不需要花費時間搜集大量資訊來判斷一個人的年齡、學校，以及喜好，因為這些都會陳列出來，它透過追蹤用戶擁有用戶真實的個人資料、好友清單等資訊。

在Facebook上，你扮演的就是自己，認識的朋友也都是真實的身分，這就為交流提供了信賴性和保證性，剔除了虛假和不真實的風氣。使用實名制或許會讓很多用戶產生擔憂，因為這自然而然地涉及到了隱私的問題。在這一點上，祖克柏也處理的很好，Facebook一直都是很注重用戶隱私，即使反對聲還是充斥在公司上空，但是馬克·祖克柏在用最好的態度讓用戶安心。

祖克柏是一個善於控制貪欲的人，他不會因為金融寡頭的重金收購而放棄Facebook，也沒有因為匿名制能夠帶來一時的用戶量激增而讓Facebook也成為其中一員，因為一旦從眾，Facebook將不會有如今的發展規模，可以說簡直是吃了大虧。祖克柏很有遠見的讓網路不再是「虛擬」的代名詞，他讓所有的好友都可以基於現實的關係而存在，而他就想為大家提供這樣的平台。

就是這樣冷靜的對貪欲的控制，避免了Facebook吃虧蒙受損失，讓他找到了網友的需求點，從而抓住了這個千載難逢的機會，讓網路社交變得完全不同。新的時代，就要尋找新的交流方式，這個方式必須是前人不曾體驗過的，否則就失去了吸引用戶的意義，做到前人從未做到的，這行為本身就代表著一種對於從眾欲望的控制，馬克·祖克柏意識到了這一點，同時讓他的Facebook做到了這一點，避免了Facebook因為貪欲而吃虧，因此這個由年輕人領導的公司變得如此卓越。

【青年創業路標】

一 個人，想做出點成績，首先要有明確的目標，其次要善於控制自己的貪欲，謹慎選擇，合理規避風險，才能穩健的朝著目標一步步前進。在為人生目標大膽實踐的過程中，避免為了一時的貪欲而吃虧。

當然，創業的過程中，挫折、困難、孤單、委屈、被人笑、被人要均在所難免，但是誘惑力極強的事物也會接連出現，且越是崇高、越是遠大的目標，遇到的困難就會越多，遇到的誘惑也會越大，容易被貪欲帶上彎路的可能性也就越高。這些誘惑來自外界給的，有的來自自己內心的羈絆，一個人只有慎於選擇，不畏艱險與困難管好自己的貪欲，才能避免吃虧，朝著自己的創業目標邁進，才能不斷有所突破，有所超越，也才能實現人生的價值，享受到生命的快樂。

284

facebook

Share 10——對成功隨時保持強烈的嚮往

創業的根本出發點和根本目的是什麼？這是創業者必須思考的
問題。祖克柏曾經在回絕雅虎前首席執行長塞梅爾的收購報價
時就給了我們最好的提示和警醒。他說：「這不是錢的問題，
它是我的孩子，我想將它一手帶大。」

1 · 對成功時刻保持著強烈的嚮往

　　對成功時刻保持強烈的嚮往是成功的基礎。一個人不敢大膽地去想，沒有強烈的嚮往，就無法找到行動的方向，無法獲得行動的動力，更無法取得創業的成功。首先是「想不想要」，其次才是「能不能得到」，想要的未必就一定能得到，但連想都不敢想，連一絲對成功的嚮往都沒有，那麼肯定做不到，也得不到。對成功強烈的嚮往是非常重要的。人需要有強大的動力才能在好的創業中獲得成功。你必須在心中保持著強烈的嚮往，你必須盡力抓住所有能讓你成功的機會。

　　在這個世界上，為什麼有人顯達、富有、成功？有人平庸、窮困、失敗？有人說這取決於能力，還有人說這是運氣的結果。祖克柏在程式設計方面，的確能力出眾，他抓住了社交網路發展的良機，確實交了好運。但是，這些都不是他成功的根本原因。要知道，比他能力出眾的人有很多；而商業機會，每天都擺在人們眼前。祖克柏能夠有日後的成就，在於他對建立「在時間和空間上沒有邊界的城市」偉大理想的嚮往，心中時刻想到應該如何實現這個偉大的構思。也就是說，成功最初僅僅是一個意念而已，連最初的意念都不存在，又談何成功呢？

　　祖克柏是一個時刻都對成功保持著強烈嚮往的人，對他來說，如果有什麼事是不可能做成的，這就如同是對一頭牛舉起了一面紅旗，不會讓他後退，只會激起他的鬥志。祖克柏就是這樣一個強烈渴望成功的創業者。在 Facebook 遇到任何阻礙的時候，他都沒有被困難嚇倒，沒有退縮，沒有把自己長了翅膀的頭腦鎖在籠子裡面，而是在堅信自己的行為是正確的前提下，毅然決然選擇了繼續前行，讓對成功的嚮往，化成前

進的動力,把常人理解的不可能,變為可能。

　　祖克柏對於成功的嚮往對 Facebook 的發展有著至關重要的影響,在 Facebook 各部門間一直流傳著的一個笑話,稱 Facebook 追求的是「完全控制」,其有趣的原因是這句話正在成為令人驚訝的事實。祖克柏很早之前就意識到,大部分用戶不願意花時間同時在多個社交網站上為自己填寫多份簡介。他也從在哈佛和帕洛阿爾托關於「網路化效應」沒完沒了的自由討論中意識到,某個交流平台一旦鞏固下來,一個贏家通吃的市場很快就會加速形成。人們願意加入使用用戶數量最多的交流工具。因此,懷著對成功的無比嚮往,他設立了目標,不僅僅為美國,而是要為全世界創造出一個交流工具,其目的是超越其他各處的一切社交網站,贏取他們的用戶,並且成為實在的行業標準。在他看來,讓自己的網站充滿參與的樂趣,採取一種娛樂化的行銷方式,是讓 Facebook 更有生氣的一條有效途徑。

　　很多人都想知道,為什麼 Facebook 會如此迅速地增長?祖克柏片刻不曾放鬆的對成功的渴望,是其快速發展的終極動力。在搬到加利福尼亞之後不久,祖克柏就開始思考 Facebook 轉變成全球現象的可能性。受大野心家肖恩的影響,祖克柏開始覺得,如果他能很好地運作,這個網站可能會成長為國際巨頭。他也的確擁有懷有這種想法的資本,因為他在很多事情上都決策正確,為此後的全球性迅速增長打下了基礎。一方面,祖克柏使 Facebook 的介面保持簡單、乾淨和整齊。就像 Google 一樣,一個極簡的表面包含了幕後的海量複雜技術,同時又讓各種各樣的使用者都覺得介面友好。在西班牙之旅的其中一站,祖克柏總結了他的國際化戰略「做最好、最簡單的、能讓使用者用最方便的方式分享資訊的產品。」

　　祖克柏知道,要想讓自己對成功的嚮往化為實際成果,就要讓

Facebook 被世界上更多的人所接受和喜愛。Facebook 的一個最基本的特性是你只能在上面看到自己的朋友，可以與自己熟悉的朋友分享好玩的事情，這種娛樂的安全性又因為是在現實中的熟人之間而得以保證，所以這也是他們能夠在多個國家獲得成功的制勝關鍵，這種基於身分識別的基本特性將 Facebook 從一開始就與其他社交網站區分開來，也使其成為眾多網站中獨一無二的全球現象。

Facebook 給人們帶來新穎的娛樂樂趣，但是又不會讓人覺得很陌生，在美國的眾多網站服務中，Facebook 是感覺上最不美國的一個。比如說，在義大利使用 Facebook 數以百萬計量的用戶並不太經常看到義大利以外的人們。來自土耳其、智利，或是菲律賓的用戶在 Facebook 中所接觸到的價值觀、興趣、語氣和日常行為習慣也與他們在離線世界的日常生活非常相似。這樣明智的本土化設置為 Facebook 開拓全球市場奠定了堅實基礎，也讓祖克柏對成功的嚮往，與現實又貼近了一步。

創業是很多人的夢想，但並不是每一個人都能夠將這個夢想付之於行動。因為創業是一個艱辛的過程，而且，光有熱情和創新還不夠，它還需要有很好的體系、制度、團隊以及良好的盈利模式，無論遇到什麼樣的挫折打擊，都要保持對成功的強烈嚮往不言放棄。在創業過程中，應該有像一位成功創業者說的那樣「即使是泰森把我打倒，只要我不死，就會跳起來繼續戰鬥」的大無畏的堅韌精神，那樣，才有機會見到來之不易的成功。無論如何要相信，雖然創業過程是艱難的，但只要有恆心和毅力保持對成功的嚮往，定能守得雲開見月明。

所以，為了見到創業成功的那一天，像祖克柏一樣立即拿出行動吧。拖延與成功無緣，有了嚮往和計畫，就應該立即行動。試想一下，如果沒有把夢想與行動完美地結合起來，怎麼會有祖克柏今天經營 Facebook 的全球性成功？怎麼會有愛迪生的電燈照亮全世界？沒有比爾

·蓋茲的嚮往與行動，哪有今天你我離不開的電腦生活？沒有馬雲的嚮往與行動，又何來今日的阿里巴巴帝國以及天下千千萬萬中小企業人的笑容？祖克柏用活生生的事實證明了一個道理：這個世界沒有童話，創業目標的實現，是靠對於成功無比強烈的嚮往和堅定不移的行動，靠拚搏，靠自己的雙手創造出來的。

【青年創業路標】

祖克柏的成功告訴我們，創業者首先要有夢想，要有對這個夢想會成真的嚮往和堅持，這點很重要。如果沒有嚮往的話，為做而做，盲目前行，肯定不會成功。贏得偉大的成功始於心中的行為，實踐偉大的夢想始於行動。每個懷揣著創業夢想的人，都應該一手緊抓著「嚮往」，另一手緊握著「行動」，堅定地往前走，嚮往終會變成現實，成功的光芒終會照在你的身上。

2‧熱情是創業者的倚天劍

　　創業的首要條件是要有熱情，熱情是創業者的倚天劍，而熱情是可以傳遞的。能夠把自己的熱情感染給員工，讓員工們有晚上幹到十一二點，累到筋疲力盡地回家，洗個澡，睡個覺，第二天又笑眯眯地來上班的熱情，那麼這個創業者要取得事業成功指日可待。但是現在年輕創業者的熱情來得快去得更快，其實創業要持續不斷地熱情，才是真正值錢的熱情。無論遇到什麼困難，都保持一種向上的希望，就是一種永遠向前的熱情。熱情是什麼？它是一種態度，一種精神，一種責任，一種動力；沒有熱情，就沒有前進的動力，就難以有成功的事業。可以說，凡是成功創業的人都是對事業充滿熱情的人！

　　祖克柏是一個善於保持自己熱情的創業者，在《財富》雜誌上，祖克柏說：「最近幾年，我每年都會為自己設立一個『個人挑戰』的目標，無論是瞭解世界，拓展個人興趣，還是加強自律。我大多數時間都花在Facebook的建設上，如果不專門抽出時間，是肯定不會去做這些事情的。」這或許和他年輕好勝，喜歡挑戰的個性有關，但事實上，祖克柏透過給自己樹立一個又一個的自我挑戰目標，在擴大視野的同時，保持了自己對新鮮事物的感知能力，讓自己能夠一直保持創立Facebook時的熱情。

　　成功的創業者要善於把自己的熱情傳播給周圍的人，祖克柏就是這樣一個善於用非正式制度感染周圍人的熱情創業者。在企業文化方面，Facebook可謂獨樹一幟，它沒有大公司的一板一眼，而是充滿了熱情。2005年，在美國史丹佛大學發表公開演講時，祖克柏談到了企業文化，

他表示：「非正式化制度是 Facebook 的特點之一。為了給員工提供快樂而舒適的辦公氛圍，公司鼓勵無拘無束的交流方式，以保證員工創意的不斷迸發。」祖克柏說：「我經常引導員工學習如何共處，親自幫助他們熟悉其他成員的思維邏輯，從而讓員工間實現有效交流。」他認為，要尊重員工的點子，激發員工的熱情，並在充分信任的基礎上授權員工去實踐。在他看來，正是這種看似無序的企業文化，可以讓這些網路菁英感到被認可，熱情被最大程度的激發出來，從而使 Facebook 得以保持創新力並可以持續發展。

祖克柏在保持員工的熱情方面用心良苦，作為網路工作者坐著工作占去絕大部分時間，而坐著的狀態很容易讓人鬆懈，難以時刻保持熱情高昂的狀態，而且，坐著也很不健康。在 Facebook 工作的員工整日與電腦打交道，不可避免地會帶來一些疾病。目前已有多項醫學研究表明，長時間靜坐的工作方式會影響健康，可能帶來肥胖、頸椎病、腰椎病甚至腦血栓和癌症。美國癌症協會的一項研究結果顯示，每天靜坐時間超過 6 小時的女性比靜坐時間少於 3 小時的女性早逝率高出 37％，在男性中這個數字為 18％。作為公司的 CEO，祖克柏清楚的知道健康不在，談何熱情，所以為了保持員工熱情的工作狀態，祖克柏想了很多辦法。

為了避免員工因長時間靜坐而引發健康問題和疲憊睏意，同時為了保持員工的熱情狀態提升員工的工作效率，祖克柏宣導 Facebook 員工站立式辦公。目前已有 200 多名員工選擇了新型的「站式辦公桌」。這種辦公桌的桌面比傳統辦公桌高出很多，員工可以站著工作，站累了可以坐在配套的高腳椅上休息。這種保持團隊熱情的做法顯然行之有效，就連網際網路巨頭谷歌公司，也將這種辦公桌列入了公司的保健計畫，受到員工的歡迎。這樣的辦公習慣確實是有益處的。Facebook 的員工站著工作，他們能夠保持高漲的熱情和旺盛的精力，再也不會在午飯後

「眼皮打架」了，兩腿不停活動反倒有助於讓他們的注意力更加集中。

祖克柏不愧為一個成功的創業者，在保持自己創業熱情的同時，他也透過巧妙的辦公室改革，將這種熱情準確的傳達給團隊中的每一個人。所以熱情是創業者的倚天劍，要保持自己的創業熱情，我們可以學習祖克柏那樣不斷給自己樹立挑戰目標，而要保持團隊的熱情，則需要一些管理技巧，需要創業者具備以下幾種能力：

（1）讓團隊充滿熱情。

團隊創建必須以目標為標準，根據目標對團隊進行組織安排。祖克柏的奮鬥目標，自然也就轉化為 Facebook 全體員工的奮鬥目標，這樣整個團隊就會充滿了奮鬥的熱情。團隊設計要考慮能力與目標一致，要根據目標選配不同特徵、能力的成員進行組合。

（2）恰如其分激發熱情。

創業不是數量規劃，而是素質規劃。祖克柏的團隊就是由對祖克柏的創業理念深感認同的網路菁英組成的。創業者必須建立一個合理結構，讓每一個成員都能恰如其分地在崗位上發揮自己的作用，讓每個人都有所貢獻，恰如其分的發揮每一個員工的特長所在，才能讓員工時刻保持工作的熱情。

（3）明確目標保證熱情。

沒有明確具體的階段目標，人們就無法知道自己應該做什麼，就不會知道每一階段該達到什麼樣的目標程度，也就沒有一個衡量工作成就的標準，也就難以保持高漲的工作熱情。所以，在整個經營過程中，目標應不斷地明確，並且要劃分出階段。祖克柏的挑戰目標就是根據 Facebook 的發展進程而設立的，有階段性的目標會讓員工工作起來有幹勁，容易保持熱情滿懷的狀態。

（4）共同奮鬥燃燒熱情。

祖克柏知道創業從來都不是一個人的事情，創業熱情是一群人追求共同目標，持久地、首尾一貫地協力工作的群體能力。高昂的熱情是高水準工作的一個先決條件，沒有了它，共同奮鬥的現象是不會出現的。

（5）處理紛爭保證熱情。

企業內部出現了紛爭，創業者應該跟雙方就這次事件進行交談，耐心聆聽各自對於這個問題的看法，嘗試幫助他們自己去分析出矛盾的起源，探討遇到這種情況可以解決的方法有哪幾種。最後大家都坐下來就該問題進行總結，化解彼此的心結。祖克柏就在盡力建立一種讓員工彼此交流的氣氛，因為相濡以沫的團隊氣氛是保持熱情的前提。

時下，很多剛出社會的新鮮人滿懷憧憬地開始創業，然而，不久之後的第一個體會卻是對創業環境的失望。然後就會無精打采、或者磨磨蹭蹭，再無創業的熱情。其實，他們並非沒有才華，但就是難以做出一番事業。為什麼？這其中一個很大的因素就是缺少熱情。要知道，不論是哪個行業的創業者，在技術、能力和智商的差別並不大的情況，誰有熱情誰就能更勝一籌。反之，一旦失去了熱情，就很難以立足和成長。所以，無論你是從事何種行業的創業者，都要盡自己最大的努力去做好本職工作，時刻保持一種不斷進取的熱情態度並且把這種熱情傳遞給每一個團隊成員。一旦能最大限度地激發團隊熱情，發揮團隊的創造潛力，再平凡的創業者，也能有非凡的成就。

【青年創業路標】

熱情是創業者的倚天劍，那麼如何保持甚至激發熱情呢？就是要創業者時刻讓自己處於一種主動出擊的狀態，是的，當你做某件事，從被動的做上升到打心眼裡認可，當成一種使命一樣去真正熱愛，它就能變成精神上的一種動力，能使你產生做事的熱情。所以，使命感，是熱情的源頭。祖克柏把建立地球人交流的最大平台當作自己的使命，所以任何時候他都熱情不減。而且真正有熱情的人，不僅自己有熱情，還要能去感染周圍的人。創業者是不是有熱情，關鍵在於他的熱情是不是能感染別人，這樣才可以真正把熱情作為一個企業文化來推動。

3·只有偏執狂才能生存

　　英特爾公司創始人，前董事長、首席執行長安迪·格魯夫在他的同名書中曾經提到：「我篤信『只有偏執狂才能生存』這句格言。」很多人沒有成功就是因為他受不起失敗或者挫折的打擊，然而商場環境可以說是每天變幻萬千。由此各方面的打擊層出不窮，因此就要求經營者要經得起挫折，受得住打擊，把握好自己的創業方向，一旦確定就要萬分熱愛自己的事業，執著對待自己的選擇，然後找準目標，並以此為中心全面提升競爭力，同時不要敗給打擊和挫折，堅信自己是對的。偏執狂其實是創業者在激烈競爭的市場環境中生存下來的一種必要要求，祖克柏就是這樣一個極度偏執的人。

　　祖克柏的偏執體現在喜歡與人爭論，並很少給予他人褒獎。在題為《與祖克柏共事》的內部備忘錄中，安德魯·博斯沃斯還說過：「想要在討論過程中確立你的地位是不明智的，開發出正確的產品本身就是一種獎賞。」其實，祖克柏的這種與近乎偏執的要求對員工工作效率的提高很有幫助，因為祖克柏不僅對自己要求很苛刻，對員工也是如此。Facebook 的員工通常受他的影響極富鬥志，可以說，Facebook 就是一座「瘋人院」，人們爭奪職位，祖克柏的偏執傳給員工一種高度的熱情。例如，祖克柏為了增強員工的戰鬥力，將員工的等級從 1 到 5 進行劃分，如果有誰的級評多次為 1 或 2，就會被公司開除。由於祖克柏近似偏執的管理策略使得一些網站早期的合作創始人和高層們陸續離開，首席技術官亞當·德安傑羅和聯合創始人達斯汀 • 莫斯科維茲就是其中兩位。一位員工曾說：「每個人都有一條清晰的路徑，祖克柏會按照他們的價

值使用他們,然後再放置到一邊。」

2008 年 3 月,祖克柏繼續他的偏執精神,不顧眾人反對,從谷歌挖來雪莉・桑德伯格擔任 Facebook 的首席營運長,Facebook 很快進入新的發展階段。一些此前從未想到離開谷歌的員工加入到了 Facebook。曾在谷歌的員工感到如果不去 Facebook 工作,就好像少了點什麼。除此之外,馬克·祖克柏的偏執再次表現出來,還宣佈了罕見的獎勵計畫:如果在 Facebook 出色地完成了目標,就可以在一年半時間裡獲得加倍的股票期權。在矽谷,大部分企業會贈與員工一定的股票期權,表現優秀的員工還能得到獎金,但是很少有人能夠有機會增加股票期權。

著名成功學專家拿破崙·希爾認為:「如果你想變富,你需要思考,獨立思考而不是盲從他人。富人最大的一項資產就是他們的思考方式與別人不同。」而堅持自己獨特思考的成果,需要的就是一種偏執的堅持。所以說一個商人最寶貴的資源不是現金,也不是身強力壯,而是偏執的性格。祖克柏的思維就和通常意義上的商人有所不同,他是一位有「駭客」氣質的偏執的 CEO,「我們並不是從宏大的理論開始的,我們最初的工作是在幾週內完成的。我們的文化是盡快將創新投入應用。」祖克柏對於駭客文化幾乎偏執的崇拜在矽谷人盡皆知,但是正如他所說,正是這種偏執的堅持,讓 Facebook 無論做什麼新嘗試,總是能夠用令一般公司瞠目結舌的高效率完成,因為由於祖克柏偏執的堅持,Facebook 旗下網路高手如雲,而這些高手,正是其他公司敬而遠之的駭客們。

很多人膚淺的認為偏執就是一味堅持自己的某個想法,無論他人如何勸說都不加改變,但是這只是一種誤解,對於創業者來說有意義的偏執是指無論受到什麼樣挫折的打擊,都不改變自己的初衷。在創業這條路上,再沒有比失敗更常見的事物了,但是偏執的人會一直堅持下去,並會在挫敗中依舊向著自己的目標一步步靠近。祖克柏把他的這種偏執

精神貫徹到公司管理中，在 Facebook 犯錯誤的人反而被提升，只因為他們從錯誤中汲取了教訓。偏執的人與普通人的不同之處就在於他會在失敗之後試圖去嘗試其他可能，往往在許多困境中，你能夠找到足以奏效的另一套系統、另一種方法、另一種解決方案。在偏執狂眼中沒有永遠的失敗，迅速失敗就意味著迅速找到另一條可行之路，而不是對初衷的完全否定。

把事情做好，需要一股偏執的韌性。研究每一位成功的商人，可以發現，他們身上都有一個共同點：偏執堅持、意志剛強、不達目標勢不甘休。祖克柏對於員工從不鬆懈嚴格要求，即使受到質疑也不改初衷，正是他韌性的體現。成功的創業者在經商的道路上遇到了無數挫折和打擊，但是他們屢敗屢戰，跌倒了，再爬起來，最終得到的是勝利。由此可見，失敗並不可怕，可怕的是因打擊而一蹶不振。在工作中僅有願望是無法把事情做好的，必須具有堅韌的毅力和明確而具體的計畫才能獲得成功。用毅力支撐自己度過最黑暗的時刻，是非常必要的。

對於偏執的創業者來說，失敗不是阻止他前進的絆腳石，而是讓人一步步接近目標的台階。正如一本名為《一切成敗操之在你》的書中所說的：「失敗並不表示你是失敗者……而意味你尚未成功。」

「偏執的堅持而遭遇失敗並不表示你沒面子……而是意味你不敢於嘗試。」

「偏執的堅持而遭遇失敗並不表示你低人一等……而是意味你尚未臻於完美。」

「偏執的堅持而遭遇失敗並不表示你已浪費生命……而是意味你該重頭再來。」

「偏執的堅持而遭遇失敗並不表示你該放棄理想……而是意味你要更加努力。」

「偏執的堅持而遭遇失敗並不表示你絕不能成功……而是意味你要稍安勿躁。」

「偏執的堅持而遭遇失敗並不表示你一無所成……而是意味你已經一事，長一智。」

「偏執的堅持而遭遇失敗並不表示你沒有盡力……而是意味你要嘗試別的方法。」

「偏執的堅持而遭遇失敗並不表示你是過於自信的傻瓜……而是意味你信心十足。」

「偏執的堅持而遭遇失敗並不表示上天要棄絕你……而是意味上天另有更好的安排！」

所以，年輕的創業者，把你偏執的創業精神堅持下去，總有一天你會看到曙光！

【青年創業路標】

偏執的堅持需要有一點冒險精神，就像祖克柏敢重用駭客人才。顯而易見的是，如果一個人從未嘗試過什麼事情，他當然不會失敗。同樣的，他也不會有什麼成功可言。成功不會是突然掉到人們頭上的餡餅，它不是什麼不可思議的奇蹟，成功總是積極的行動，加上樂觀的態度，綜合而成的結果。

那些偏執的破釜沉舟，冒險犯難的人，是值得欽佩的。敢於冒險，戰勝了害怕失敗之感的人，敢於為遠大理想頭破血流的人，是雖敗猶榮的。確切地說，這種人雖然偏執，卻是真正的贏家。由此看來，一個人想做點什麼，首先要有行動的勇氣，有冒險的精神，否則只能原地踏步。

4．創業的價值不在於擁有，而在於貢獻

　　創業的價值在很多人看來要擁有很多錢，因為有了錢意味著能擁有名牌的衣服，購住豪宅，開上名車，坐擁很多奢華的東西，這是多數人創業的出發點和畢生的願望。但是，要知道創業的價值並不完全為了擁有這些東西，其價值更在於貢獻社會。人生中充滿了各種欲望與誘惑，很容易因為利欲薰心只想著擁有更多的東西而喪失更為珍貴的東西，甚至忘記了自己本有能量幫助他人卻沒有伸出手。心想著擁有更多的東西享受優越的生活並沒有問題，問題是你是否已經變成了金錢的奴隸，而錯過了人生中更美好的東西，要知道奉獻比擁有要來得快樂。

　　創業成功之後的大量錢財該何去何從是很多創業者的問題，如何使用才能讓這些金錢更有價值呢？對於窮人來說，錢是生存的必需品，是解決寒冷和饑餓的工具。對於富人來說，錢是一個符號，是地位與成就的象徵。但是，對祖克柏來說，錢是他貢獻社會的一種有效管道，錢是他實現夢想與價值的橋樑。有很多創業者為了創業成功而勞碌一生，又為了擁有更多東西而殫精竭慮，因此他們生活得很辛苦，很無味。而在祖克柏眼中，創業的價值體現在對他人的幫助和對社會的貢獻上面，因此他活得輕鬆，活得愜意。馬克·祖克柏就是如此，在他眼中創業的價值是為了更好的貢獻社會。

　　「我創建網站的目的，就是把有共同興趣愛好的人聚在一起，彼此透過協作，為他人提供更好的服務。在我的團隊裡，只要是優秀人才，就會放在最合理的位置上，發揮出他們的特長。我們在創造財富，而不只是為了賺錢。」祖克柏這樣解讀創業價值的含義。如今，祖克柏在富

比士財富榜上的位置已經超越了默多克和賈伯斯，以 69 億美元身價名列第 35 名，成為全球最年輕的創業富豪，很多人都很關心這位講究創業價值的富豪究竟會如何去運用這筆財富。

「行動派」的祖克柏給了我們答案：當祖克柏出現在《富比士》宣佈最新富豪榜上時，他就立即決定向教育系統捐贈 1 億美元 Facebook 股權，用來幫助全美最落後的學校提高教育水準，進行教育系統改革。這部分捐款相當於該學區每年營運資金的 1/8。祖克柏本可以擁有很多東西，但創業的價值體現在他的手裡就變成了對社會的貢獻，因為他要讓創業這件事發揮出最大的價值。祖克柏雖然年輕，但是堪稱創業者的典範，他對自己甚是節儉，對公司鞠躬盡瘁，對社會也是由衷的慷慨。

這一選擇，其實非常符合美國的社會傳統。在美國，作為富人應該學會花錢，但並不是體現在揮霍無度上，而是體現在社會公益上，從而贏得社會的尊重。所以，慈善事業是許多富豪最常見的選擇。祖克柏用自己的行動向世人證明了創業成功的真正作用和意義。讓人們在欽佩他才華的同時，不得不敬佩他的奉獻精神。擁有的事物終會隨著生命的消逝而化為烏有，但是理想不會，價值不會。生命是有限的，但是欲望是永無止境的，占有再多的東西也不會滿足內心無盡的欲望。面對占有的誘惑如何選擇是考驗我們的一道難題，在這一過程中能否擺正占有與貢獻在生命中的位置，擁有積極的人生觀和價值觀，是年輕的創業者需要時刻反省和思考的問題。

因此，我們要像祖克柏那樣，在創業成功之後依舊對理想堅定不移，面對誘惑清醒理智，不要一心只想著占有，而要懂得貢獻，只有像他那樣淡泊從容，樂於奉獻，我們才能夠看到人生更遠更美的風景。大量的金錢是創業帶來的價值之一，但是這些金錢在生活中的意義究竟是什麼？很多人都未曾認真地想過。用這些金錢占有很多昂貴的東西就是

創業價值的體現嗎？金錢對於每個人的意義是不一樣的，有的人會用金錢滿足自己的欲望，進而擁有很多東西，有的人則會用金錢去做很多有意義的事情。祖克柏有無數機會擁有名車豪宅來證明自己創業的價值，但是他用貢獻社會來體現這種價值，同時慶祝自己夢想的實現。

其實，在創業的路上，會有很多誘惑，試圖擁有越來越多的東西是其中最大的誘惑。如果選擇了擁有或許會得到暫時的快感與喜悅，但是這也意味著會與自己創業的真正價值擦身而過，事後會感到失落和後悔。所以，在任何時候，我們都要理智地對待創業的價值，不要因為占有的欲望而迷失了自己。如果人只想著擁有，就好像將黃金的顆粒放在眼裡一樣，雖然它貴重，但是它會把眼睛磨痛，甚至會導致眼病，乃至失明。因此財富雖好，但不要貪婪。一個人，若是把財富看得太重，過於貪婪，就會變得愚鈍。只有看淡財富，懂得貢獻，你才能領悟到生命的真諦。

可見，實現創業價值的本質就在於是否能摒棄短暫的浮華，放棄擁有很多無用的東西，節約生存的本錢，把更多的精力投向於貢獻社會和提高自身的精神修養方面。祖克柏不喜歡擁有太多東西，他住在租來的小房子裡面，開著一輛很舊的汽車，節儉得讓人吃驚，但是他的勤儉卻絕不等於吝嗇，簡樸的祖克柏也不是守財奴。俗話說，好鋼用在刀刃上。祖克柏正是一個把創業得來的金錢真正用得有意義，有價值的人。祖克柏雖然平時生活很節儉，但是對於慈善事業他卻非常慷慨熱心。他一直在盡自己所能地回報社會。這不是他成功後的想法，是祖克柏從開始賺錢的那天就有的願望。慈善事業是推動整個社會和諧發展的一股動力，小小年紀就懂得慈善的重要性，祖克柏真的可謂是一位眼光向前看的創業者。

知恩圖報的人，會贏得信任、口碑和人緣，這對貢獻社會的創業者

是一筆寶貴的無形財富。許多創業者功成名就後，往往投身公益事業，奉獻自己的力量，這其實是一筆划算的投資。祖克柏知道，創業本身就是共生共榮，在這裡付出了，在另外一個地方就會得到回報。更重要的是，知恩圖報帶來了關係上的資源，這是生意上的寶貴資產。事實上，財富與慈善相伴相生，造福社會，經常從事一些慈善活動，是創業者和企業揚名的最好途徑，而好的名聲對經商之人來說非常重要。名譽、聲望是一種無形資產，這種資產雖然不可量化，但對經營的作用卻是不可估量的。名聲可以取得消費者的信賴，可以擴大企業或產品的知名度，可以增強企業的競爭力。名聲打響之後，以前絞盡腦汁千方百計要做的事可能在舉手之間就可完成。

商人要有報本意識，能夠知恩圖報。對他們來說，知恩圖報就是做關係。道理不難理解，獲得財富後回報社會，不但能促進當地經濟發展、社會進步，反過來也幫助自己在商業上獲取了更大發展空間。報本意識贏得尊重和信賴，讓創業者贏得聲望，方便在商業上大展拳腳。像祖克柏一樣為教育事業做貢獻，做公益事業，發展了當地教育和經濟，再進行商業投資，容易有更大回報。同時在做慈善的過程中，結識了更多商界實力人物，這是寶貴的人脈財富。

【青年創業路標】

既然選擇創業，每個創業者都希望能創造更大的價值，同時讓自己過得幸福，而明智的創業者知道，在金錢累積到一定程度之後，貢獻要比擁有更讓人快樂。商人以「利」為命，不斷地追求財富，而追求財富，歸根到底也是為了生活得幸福，並幫助更多的人過得更好。所以，回報社會，實踐自己的社會責任，應該是是每個創業者的倫理要求。

5‧學會給予，幫別人其實是幫自己

　　很多人以為幫助別人就是單純的給予，對自己而言是一種有本無利的賠本買賣，所以很少有人願意做，其實這是一種短視的想法，具有長遠眼光的創業者知道，給予其實是一門藝術，幫助別人其實就是在幫助自己，是在為自己開拓更寬廣的發展之路。一個人發了財，不應該只顧自己的揮霍，也不應該成為守財奴，更沒有必要把財產遺留給自己的子孫！而應該學會給予，為社會多做一些公益事業，把多餘的錢分給那些殘疾及貧困的人，特別是要用在教育和醫療方面。

　　祖克柏就一直沒有脫離這個信條，他一直都在學習給予的藝術。他一直認為：錢來自社會，也應該用於社會。因此，當祖克柏在商場上屢次獲勝之後，他沒有捂緊自己的錢袋，沒有揮霍享受，而是透過慈善這條道路，讓錢發揮了更大的作用。他讓更多人獲得了幸福感，而他所獲得的幸福感正是這些人的總和。雖然祖克柏只有 28 歲，但是他早已意識到社會與個人的關係。他知道人與人之間是需要相互扶持，共同進步的。因此，他義無反顧地投身到了慈善事業中，不間斷地參加各種慈善活動，並號召更多的人加入到慈善中來。

　　給予就是幫自己的道理其實很簡單，做生意誰不想找一個人格高尚、信譽卓著的商人作夥伴？誰願意與奸商交朋友呢？從商業角度看，李嘉誠的善舉是他在商業活動中的無形資產。從某種意義上說，這個無形資產要比有形資產更昂貴、更具有價值。事業成功後的祖克柏，為社會、為教育事業做貢獻，明確無誤地告訴世人，祖克柏不但善於創造財富，還善於給予，因為他明白幫別人就是在幫自己。

　　一個非常吝嗇不懂得給予的創業者，注定做不了大買賣。一個樂善好施的人，能夠得到他人的信任和擁戴，反而能廣結善緣，所以生意反而能做大、做久。祖克柏自Facebook成功以來對社會公益事業鼎力捐獻，無論對當地社會，還是對全美的教育體系，都堅持這個原則。因此，他在Facebook的發展上資源豐富，遊刃有餘。很多創業者都有這樣的意識：沒錢的時候，渴望得到更多金錢；但是，錢多了，也是一種累贅。做生意賺錢是本事，會給予、會花錢、能夠花到位更是本事。一個創業者，如果不會給予，不會幫助他人，很可能讓事業陷入舉步不前的困境中去。

　　現代商業競爭非常厲害，創業者要想在市場上站住腳，除了信譽、品質、態度外，還要有吸引顧客的本事。有些創業者做生意的時候，經常把某些商品價格壓得很低，即使不賺錢，只要能吸引顧客，就可以在別的方面得到補償。看似吃虧，卻是為了後面賺大錢。祖克柏把這種理念體現在Facebook的應用程式開發上面，他竭盡所能將Facebook辦成一個公共的軟體發展平台，這是一個純粹的幫助軟體發燒友賺錢的行為，因為Facebook從中不能獲取任何直接利益，雖然此舉遭到了Facebook很多內部員工的反對，但是祖克柏依然堅持無償幫助這些軟體發展愛好者，而且樂此不疲。

　　在祖克柏鼓勵開發的眾多軟體之中，他最鍾愛的Facebook應用程式是「理想」，因為這是一款很有公德心的應用軟體，而且為Facebook提升了不少信譽度，積聚了不少人氣。軟體是由他的死黨肖恩和先前哈佛的室友喬·格林開發。「理想」的開發有著崇高的目標——幫助非贏利組織募集資金。這個應用程式會在Facebook使用者捐贈以後向他們朋友的動態新聞發送一條消息。理論上，這會激發他們的朋友進行捐贈。格林解釋：「社會認同也包括了慈善。做出大筆捐款的人們希望自己的

名字會被銘刻在醫院的建築上。」他說這就有點像戴著一個黃色橡膠手環對外宣佈你支持與睪丸癌進行抗爭的行為一樣。用戶的反響相當熱烈,「理想」現在依舊是 Facebook 上使用者數最多的應用程式,這樣具有社會公益性質的良性程式還有很多,每一個都威力無窮,為 Facebook 提升信譽度做出了很大貢獻,所以祖克柏其實是這些軟體帶來良性影響的最大受益者。

祖克柏這種本著幫助他人精神將 Facebook 打造成軟體發展平台的做法是有很豐厚回報的,因為應用程式裡的業務已經開始產生了更多的收益。賈斯汀·史密斯(Justin Smith)負責一家名叫「Facebook 內部」的研究公司,潛心研究了 Facebook 的開發者社區,估算出社區裡有大約 50 家由風投投資、年收入超過 500 萬美元的軟體公司,這些軟體公司的基本商業目的就是開發在 Facebook 上運行的應用程式。「Facebook 內部」的賈斯汀·史密斯估算每年 Facebook 應用程式裡的業務量達到了 3 億美元。這些無疑都是祖克柏無私的平台給開發者帶來的商機,因為只有充分信任這個平台,用戶才會拿出真金白銀消費。讓自己的產品品質優良,信譽度高,從而帶來更多關注的目光和人氣,在這場利人利己的博弈中,完美發揮給予魅力的祖克柏是最大的贏家。

在眾多人眼裡,做生意越成功、規模越大,就應承擔越多的社會責任。作為創業者,創業漸入佳境、財富越來越多,就應該把幫助他人當作自己的一種追求。錢來自社會,應該用於社會。學會給予,用聰明的方式幫助他人應該是創業者的一種美好的追求。但是要處理好生意與幫助他人的關係,才能獲得好的結果。就像祖克柏把 Facebook 打造成一個開放性軟體發展平台,既能夠給開發者提供有力的幫助,同時又為 Facebook 的發展注入了強有力的推動力。

【青年創業路標】

凡是成功的商人，都善於把自己的能量傳遞給需要幫助的人，善於用給予的藝術讓自己的事業登上新的高峰。這不僅是一種明智的創業理念，更是一種健康的生活態度，因為在幫助他人的同時，你也在幫助自己，在給予的同時，你也在為自己的事業做隱性投資，讓自己日後的發展更為順利。

6·德行比你的財富更高貴

很多人以為財富可以讓人顯得高貴,憑藉富可敵國的財富就可以輕而易舉的贏得眾多女子的芳心,事實上這只是一種較為膚淺的想法,一旦真的如此,那麼得來的也不過是建立在金錢基礎上的脆弱感情,不堪一擊。祖克柏就不是這樣,雖然祖克柏在事業上一飛沖天,成為了全球最年輕的富豪,但是在感情生活中,祖克柏贏得愛妻的方式越是原始而純粹,就是憑藉他善良的品性和高尚的德行。祖克柏和普莉希拉的愛,單純而沒有雜質。唯有建立在良好的德行基礎上的純粹愛情才能長久。他們簡單地相愛著,被對方的魅力所吸引,不離不棄;他們互相扶持,從最初的創業到最後的成功;他們不在乎別人的眼光,不在乎世人的評價,不在意物質生活的奢華或貧苦,相互擁有和珍惜。兩人固守著屬於他們的感情世界,沒有過多的言語,在不斷的考驗中他們變得越來越有默契,感情愈加深厚。

祖克柏如今是全球最年輕的創業億萬富豪,他的愛妻普莉希拉·陳也在這種成功的光輝下顯得極為幸運。在外界看來,普莉希拉一直陪伴著祖克柏或許是因為他顯赫的財富,但祖克柏身上散發著的高尚的德行魅力,才是普莉希拉一直深愛著他的真正原因。在普莉希拉看來,能夠牽繫她與祖克柏兩人感情的不是物質方面的東西,而是心靈的契合與精神上的相互扶持。在他們相戀的 9 年中,她從未提出過任何物質方面的要求。兩人都在潛心為 Facebook 的成長付出著。

這些在旁人看來有些不可思議的行為,對祖克柏而言卻是很正常的,而且他的愛妻也很樂意和他過這樣的生活,因為她在意的是祖克柏

經營 Facebook 的超前理念、平日裡在慈善活動中慷慨解囊的高尚德行，還有生活中尊重生命的良好品性。祖克柏公佈的一項「個人年度挑戰」清楚的表達了他尊重生命的想法：為了減輕家畜的痛苦，他決定以後只吃自己用人道方式了結性命的豬羊，而後來的事實證明他真的自己動手宰豬殺羊了。這樣率真而善良的男孩子，他的德行就讓他顯得高貴，完全不需要再用金錢為自己鑲金邊了。

古人常說：「慈能致福」，其實就是這個道理。祖克柏就是一個慈能致福的典型，小小年紀的他，從來沒有被自己的巨額財富所困，他一直認為：錢來自社會，也應該用於社會。祖克柏在美國青年中創下了慈善捐款紀錄。美國 Peek You 網站曾評選過美國科技行業的十大慈善家。按照 1 至 10 分的計法，根據各人的貢獻給 10 位上榜慈善家打出不同的分數，最終決定各人的具體排位。比爾·蓋茲和保羅·艾倫都榜上有名，但令人驚奇的是，在科技界最負慈善盛名的蓋茲卻未能居於榜首，而是排在第二位；保羅·艾倫得了 7.2 分，排在第六位；華倫·巴菲特則排在了第三名。排在首位的竟然是年輕的馬克·祖克柏。

這是為什麼呢？究其原因，就在於祖克柏在比爾·蓋茲和股神巴菲特共同成立的慈善項目「捐贈誓言」上簽字，承諾將把自己的大部分財富捐贈給慈善事業。「捐贈誓言」行動是由微軟公司創始人比爾·蓋茲和投資家華倫·巴菲特聯合發起的，已有包括蓋茲和巴菲特在內的 40 位億萬富翁或家庭承諾，將把自己的過半財產捐贈給慈善事業。根據蓋茲與巴菲特推算，《富比士》雜誌所列美國前 400 名富豪名下財產合計大約 1.2 萬億美元，若能捐出一半，善款總額有望達到 6000 億美元。這一行動是美國的財富群體發起的，他們的捐贈承諾可以在參與者生前完成，也可等到身後再實施。雖然這一承諾並無法律效力，但它靠著強大的精神力量給了人們安全感。

　　捐獻自己的半數財產，對於很多成功的創業者來說，可以說是一個極為重大的事件，所以作為一個初見成功的企業家，祖克柏能夠慷慨地捐出一億美元，還是讓許多人感到震驚。因為參與這項活動的很多人都是在生命的後半程才做出了回饋社會的決定，祖克柏如此年輕就能擁有這種魄力，著實讓人欽佩。很多人成功之後依然貪財，對於過去的艱苦歲月難以釋懷，於是用變本加厲的揮霍金錢試圖找到一種平衡，但是，這樣的人往往是越陷越深，難以自拔。其實這樣的人，抓住了財富卻往往忽略德行的重要性。

　　良好的德行會散發出令人心曠神怡的芬芳，而被財富所困的人往往為過去的困苦所羈絆，難以看到眼前的美景，更難以獲得創業成功的喜悅。而祖克柏則不然，他是一位懂得德行比財富重要的創業者，這位在生活中以節儉出名的年輕富豪，對公益事業顯示出了極大的熱忱。他的事業成功了，但是他沒忘記回饋社會，而且出手便是極為驚人的大手筆，這是很多人一生都到達不了的境界。因此，祖克柏不愧為美國科技界排名第一的慈善家。他的這種面對錢財拿得起放得下的精神，是對其他富豪的激勵，也是自己社會責任感的最好明證。

　　作為生意人，經商賺錢是主要目的，但也不能忘了做人的本質，樂善好施，贏得再多的錢財也要拿得起放得下，因為良好的品德是將生意做大的根本。祖克柏在年輕之際就已經開始懂得這個道理，慷慨的放下手中的巨額資產，開始回饋社會了。他面對大事，拿得起放得下的行為，不僅讓更多的人分享了他的金錢和幸福，給世界的富豪們帶來了正面的影響，鼓勵其他人參與其中，同時他自己也得到了世人的尊敬。祖克柏估計是美國億萬富豪中唯一一個沒有買房的。他給予愛妻的不是豪宅、名車，或其他的奢侈品，而是用良好德行作為基礎的平凡簡單的生活。

　　愛一個人其實就是用德行的力量征服她的心，愛到平凡才是真，萬

貫錢財也買不來愛情的本真，純粹而沒有雜質的愛情才是最寶貴的。祖克柏和普莉希拉倘若花大量錢財增添房產，佈置房子，卻丟失愛情的本真，那麼他們長達數年的愛情恐怕早就不復存在了。有德行的愛情是最值得人羨慕的，因為他們愛得真實，不必擔心財去人空的淒涼下場。年輕的祖克柏雖然是一個公眾人物，但是他活得坦然，不被金錢所累，堅持自己的真性情，做慈善捐助身體力行，對愛情也至真至誠，這種用德行讓自身高貴的做法，才是真正的貴族的活法。

【青年創業路標】

創業的同時，我們也要收穫美好的愛情才能過得幸福，但是千萬不要以為得到了很多金錢就會順利地得到愛情，這是大錯特錯的。在需要天長地久的愛情面前，同樣經得起時間考驗之人的德行更為重要。祖克柏與普莉希拉的愛情，令一些人感到匪夷所思，這些人對他們發達後依舊租房住感到好奇。其實，祖克柏確實是透過這種簡樸的生活方式，讓自己有精力做更多有意義的事，去幫助他人，同時他也知道，這樣心繫眾生的他才是另一半最想看到的。

彌足珍貴的感情，不是靠豪宅名車就會有保障的，不是厚重的財富鎖鏈能夠綁得牢的。它需要真實地認知到對方的良好德行，需要瞭解彼此，信任對方，才能相互支撐，在此基礎上感情才會長久。也只有這樣，相愛的兩個人才能同風雨共陽光，即使在物質貧乏的情況下相戀也會讓人感到無窮的幸福。

職場生活

身心靈成長

| 05 | 看得開放得下——本煥長老最後的啟示 | 淨因 | 定價：300元 |
| 06 | 安頓身心--喚醒內心最美好的感覺 | 麥克羅 | 定價：280元 |

典藏中國：

01	三國志--限量精裝版	秦漢唐	定價：199元
02	三十六計--限量精裝版	秦漢唐	定價：199元
03	資治通鑑的故事--限量精裝版	秦漢唐	定價：249元
04-1	史記的故事	秦漢唐	定價：250元
05	大話孫子兵法--中國第一智慧書	黃樸民	定價：249元
06	速讀二十四史--上下	汪高鑫李傳印	定價：720元
08	速讀資治通鑑	汪高鑫李傳印	定價：380元
09	速讀中國古代文學名著	汪龍麟主編	定價：450元
10	速讀世界文學名著	楊坤　主編	定價：380元
11	易經的人生64個感悟	魯衛賓	定價：280元
12	心經心得	曾琦雲	定價：280元
13	淺讀《金剛經》	夏春芬	定價：210元
14	讀《三國演義》悟人生大智慧	王　峰	定價：240元
15	生命的箴言《菜根譚》	秦漢唐	定價：168元
16	讀孔孟老莊悟人生智慧	張永生	定價：220元
17	厚黑學全集【壹】絕處逢生	李宗吾	定價：300元
18	厚黑學全集【貳】舌燦蓮花	李宗吾	定價：300元
19	論語的人生64個感悟	馮麗莎	定價：280元
20	老子的人生64個感悟	馮麗莎	定價：280元
21	讀墨學法家悟人生智慧	張永生	定價：220元
22	左傳的故事	秦漢唐	定價：240元
23	歷代經典絕句三百首	張曉清 張笑吟	定價：260元
24	商用生活版《現代36計》	耿文國	定價：240元
25	禪話・禪音・禪心禪宗經典智慧故事全集	李偉楠	定價：280元
26	老子看破沒有說破的智慧	麥迪	定價：320元
27	莊子看破沒有說破的智慧	吳金衛	定價：320元
28	菜根譚看破沒有說破的智慧	吳金衛	定價：320元
29	孫子看破沒有說破的智慧	吳金衛	定價：320元
30	小沙彌說解 《心經》	禾慧居士	定價：250元
31	每天讀點 《道德經》	王福振	定價：320元

國家圖書館出版品預行編目資料

給大學生的10項建議：祖克柏創業的心得分享 ／ 張樂 著

一 版. -- 臺北市 :廣達文化, 2013.11

; 公分. -- （文經閣）（職場生活：25）

ISBN 978-957-713-537-7（平裝）

1. 創業　2. 職場成功法

494.1　　　　　　　　　　　102020053

給大學生創業的10項建議

祖克柏創業心得分享

榮譽出版：文經閣

叢書別：職場生活 25

作者：張樂 著

出版者：廣達文化事業有限公司

Quanta Association Cultural Enterprises Co. Ltd

發行所：臺北市信義區中坡南路 287 號 4 樓

電話：27283588　傳真：27264126　　E-mail：*siraviko@seed.net.tw*

印　刷：卡樂印刷排版公司　　　　裝　訂：秉成裝訂有限公司

代理行銷：創智文化有限公司

23674 新北市土城區忠承路 89 號 6 樓　電話：02-2268-3489　傳真：02-2269-6560

CVS 代理：美璟文化有限公司

電話：02-27239968　傳真：27239668

一版一刷：2013 年 11 月

定　價：300 元

書山有路勤為徑
學海無崖苦作舟

 文經閣

書山有路勤為徑
學海無崖苦作舟

 文經閣